陪伴是最好的爱

儿童情绪与行为管理指南

王意中 ◎ 著

台海出版社

图书在版编目（CIP）数据

陪伴是最好的爱：儿童情绪与行为管理指南 / 王意
中著 . -- 北京：台海出版社，2020.3
ISBN 978-7-5168-2562-4

Ⅰ. ①陪⋯ Ⅱ. ①王⋯ Ⅲ. ①情绪－自我控制－儿童
教育－家庭教育 Ⅳ. ① B842.6 ② G782

中国版本图书馆 CIP 数据核字（2020）第 032354 号

著作权合同登记号：01-2019-7572

中文简体版通过成都天鸢文化传播有限公司代理，经宝瓶文化事业股份有限公司授予大陆独家出版发行，非经书面同意，不得以任何形式，任意重制转载，本著作限于中国大陆地区发行。

陪伴是最好的爱 ： 儿童情绪与行为管理指南

著　　者：王意中

出 版 人：蔡　旭

责任编辑：俞滟荣

出版发行：台海出版社
地　　址：北京市东城区景山东街 20 号　　邮政编码：100009
电　　话：010-64041652（发行，邮购）
传　　真：010-84045799（总编室）
网　　址：www.taimeng.org.cn/thcbs/default.htm
E － mail：thcbs@126.com

经　　销：全国各地新华书店
印　　刷：大厂回族自治县德诚印务有限公司
本书如有破损、缺页、装订错误，请与本社联系调换

开　　本：880 毫米 ×1230 毫米　　 1/32
字　　数：150 千字　　　　　　印　张：7.5
版　　次：2020 年 3 月第 1 版　　印　次：2020 年 3 月第 1 次印刷
书　　号：ISBN 978-7-5168-2562-4

定　　价：39.80 元

版权所有　　翻印必究

写在前面

我为情绪行为障碍写一本书

这些年来,在校园的演讲邀约中,以"情绪行为障碍"(以下简称"情障")[1]为题的需求热度不断提升。我一直在思索,这当中所隐含的信息到底是什么?

后来,在自己的校园辅导咨询、特殊教育服务中,在医院、心理治疗所的临床实践中,我看出了这一切的端倪,找到了答案。

有"情障"的孩子的表现已超出一般父母与老师所能承受的程度。当然,深陷其中的孩子们也会感到烦恼与痛苦。

处于教学一线的老师在班级管理上,所遇到的实际困难更是难以想象的。这些孩子常常会让一线老师感受到挫折、困扰和不知所措,这些压力又很自然地反射到家长身上。

我们经常可以听到老师说这样的话：

"你的孩子一直在讲话，动个不停，坐也坐不住，这让我怎么上课？"

"你的孩子动不动就发脾气，非常容易和同学起冲突，你让我怎么办？"

"为什么从开学到现在，我都没有听他说过一句话，连简单的问题都不回答？"

"你的孩子对你太依赖了，其他人都已经在上课了，而他还黏在你身边，不愿意进教室。"

"他到底要洗多少次手？"

"他再不来学校上课，恐怕会无法顺利毕业。"

"他整天苦着一张脸，莫名其妙地流泪，让整个教室变得很沉闷，同学们都在抱怨。"

"我发现他常常自言自语……你的孩子是不是在精神方面存在障碍？"

"能不能让你的孩子在上课时不要大喊大叫？"

"我认为，你的孩子可能有情绪行为障碍方面的问题。"

而有类似问题的孩子的父母面临着同样的疑问与困惑：

"我的孩子到底怎么了?"

"我的孩子真的有情绪行为障碍吗?"

"情绪行为障碍到底是怎么一回事?"

"情障"是不能承受之轻

在演讲中,我常常半开玩笑地说:"如果爱生气,就等同于'情障',那么,我们现场的许多大人也可能是'情障'患者。"虽然这是一句看似玩笑的话,却需要我们严肃对待。但我可以确定的是,虽然有些"情障"的孩子比较容易生气,而爱生气绝对不等同于"情障"。

我们很容易把爱生气、发脾气、歇斯底里、情绪暴躁的表现,以"情障"来替代,对其标签化、污名化,甚至简化了,模糊了对"情障"的认识。

我为什么要写这本书?

"情障"包含的是一个异质性很大的范围,由不同的疾病、障碍等组成,例如:注意力缺陷多动症、选择性缄默症、分离焦虑症、强迫症、社交恐惧症、上台恐惧症、惧学症、忧郁症、躁郁症、思觉失调症、对立性反抗疾患、妥瑞症以及伴随其他持续性情绪或行为等问题的儿童和青少年。

我希望通过这本书，能给读者带来对"情障"的完整认识，让大家有机会了解，拥有与众不同的身心特质并非孩子所愿。对伴随障碍属性的孩子，清楚他们在情绪、行为、人际、生活、学习等层面所面临的困扰，为他们找到问题的真正症结点，避免因为误解产生不必要的冲突，错失帮助孩子的有利时机。同时，针对一线教师在班级管理上遇到的挑战、父母在教育上面临的困境以及在师生沟通中常遇到的问题，提供实际的解决方案。

谁适合阅读这本书？

这本书的适宜人群，除了上述有类似困扰的父母，我相信这本书对科任老师、补习班老师、心评老师、巡回老师、特教老师、辅导老师、临床心理师、心理咨询师、社工师、相关治疗师及儿童青少年精神科医师等以及任何关心"情障"的朋友们，都适合阅读。

如果你是老师，你也可以阅读家长的部分；反过来，如果你是家长，也可以了解老师的内容。通过交叉阅读，能更全面地掌握情障的知识，这将有助于老师与家长之间增进了解，这会对孩子的辅导与教育起到很好的促进作用。

1　《身心障碍及资赋优异学生鉴定办法》第9条：

本法第三条第八款所称情绪行为障碍，指长期情绪或行为表现显著异常，严重影响学校适应者；其障碍非智能、感官或健康等因素直接造成之结果。

前项情绪行为障碍之症状，包括精神性疾患、情感性疾患、畏惧性疾患、焦虑性疾患、注意力缺陷多动症或有其他持续性之情绪或行为问题者。

第一项所定情绪行为障碍，其鉴定基准依下列各款规定：

一、情绪或行为表现显著异于其同年龄或社会文化之常态者，得参考精神科医师之诊断认定之。

二、除学校外，在家庭、小区、社会或任一环境中显现适应困难。

三、在学业、社会、人际、生活等方面适应有显著困难，且经评估后确定一般教育所提供之介入，仍难获得有效改善。

目录

Chapter 1
第一章 注意力缺陷多动症

面对多动症儿童，你的抱怨真的够了！
——善用奖励，胜过处罚　　002

在教室里，伤害多动症儿童最深的话
——他们真的不是故意的　　010

多动症儿童诊断，谁说了算？
——别看到黑影就打枪，以偏概全是很危险的事　　018

孩子爱说话怎么办？
——锁紧自我控制力，培养行为好规范　　027

当上课常被打断怎么办？
——提升多动症儿童的"提问力"　　036

当孩子被排挤
——"不跟我玩，我就闹你"的失控　　046

多动症儿童卫教倡导怎么说？
——聚焦在"如何好好相处"　　053

Chapter 2

第二章 焦虑性疾患

孩子不说话，老师怎么办？
——少安毋躁，营造开口的机会　　064

别让家长孤军奋战
——团队分工合作，破解缄默铁壁　　072

别让选择性缄默症患儿孤单
——帮助选择性缄默症孩子形成亲密的人际关系　　081

这站，沉默。下一站，开口？
——选择性缄默症患儿班级转换的注意事项　　088

孩子有分离焦虑怎么办？
——依附关系的重新修复　　095

情非得已的强迫症
——感同身受高度焦虑与痛苦　　102

无人知晓的强迫思考
——让孩子坦然说出口　　110

Chapter 3

第三章 畏惧性疾患

当孩子出现社交恐惧症
——让社交更自由自在　　118

当孩子上台过度恐惧怎么办？
——解除孩子的过度联想　　123

当孩子患上惧学症怎么办？
——抽丝剥茧，找出恐惧的原因　　128

Chapter 4

第四章 情感性疾患

当孩子心情变了
——忧郁的觉察与关注 … 136

为什么孩子不愿对我说？
——留意开口的禁忌 … 143

当孩子常将错误归咎自己
——忧郁的自我否定 … 152

当孩子出现自我伤害
——存在与消失之间的生命选择 … 159

躁症与郁症的交错
——躁郁症，需要多一些了解 … 167

Chapter 5

第五章 精神性疾患

思觉失调症：妄想与幻觉的联手合奏
——不得不面对的残酷现实 … 176

思觉失调症的人际关系陪伴
——化解最遥远的距离 … 184

Chapter 6

第六章 其他持续性情绪或行为问题

拥抱带刺的玫瑰
——化解教室里的"对立反抗"   192

天哪！你这是什么态度？
——关系的觉察与修复   199

在"故意"与"寻求关注"之间
——有效回应孩子的"掌控行为"   206

不请自来的尴尬抽搐
——妥瑞症，需要友善与细腻的对待   212

关于"回家管教"的思考与处置
——是解决问题，还是制造了另一个问题？   217

家长与老师之间，最怕听见的话
——彼此伸出橄榄枝，携手陪伴孩子   222

第一章

注意力缺陷多动症

面对多动症儿童,你的抱怨真的够了!
——善用奖励,胜过处罚

让我们试着来看多动症(Attention Deficit Hyperactivity Disorder,ADHD:注意力缺陷多动症)儿童的一天,同时也自我观察一下,在对待多动症儿童时,自己是否也踢了一脚、补上几拳,不知不觉地让孩子的心受了伤。

6:30 AM 闹钟铃声响起,还在睡觉,太阳公公起床不关我的事。

6:40 AM 老妈:"×××,几点了还在睡?快起来!"

6:50 AM 睡眼惺忪,打着哈欠,走进浴室刷牙。

7:00 AM 老爸用力敲着门:"×××,动作快点儿,刷个牙拖拖拉拉,如果因为你导致我上班迟到,晚上回家你就等着挨收拾吧。"

7:30 AM 餐桌前,兄弟姐妹催促着:"妈妈,你叫×××快点儿吃,我们上学快迟到啦!"

7:50 AM 校门口,引导老师说:"×××,衣服怎么没穿好?书包不要拖地走,走路时眼睛在看哪里?"

8:00 AM 教室里,晨光妈妈在说故事:"×××,你能不能安静一点?一大早吵吵闹闹的,能不能让我好好把故事说完?"

8:40 AM 导师问:"×××,昨天的作业写了吗?数学作业为什么没有带?要说几次你才能记住?"

8:50 AM 邻座可爱的女同学说:"老师,×××一直乱动我的铅笔盒,很讨厌啊!"

9:00 AM 班上爱打小报告的男同学说:"老师,×××在坐两脚椅。""老师,×××在玩橡皮,上课没有注意听讲。"

9:20 AM 教室外的走廊上,隔壁班同学在骂:"你是不是没长眼睛啊?路那么宽,你为什么撞我?"

10:40 AM 换手——轮到科任老师:"×××,没叫到你,你安静会儿行不行?别总是不认真听讲。"

11:30 AM 自然课分组。"老师,我不要跟×××一组,每次和他同组都被扣分。"

12:00 午餐时间,导师说:"×××,吃个饭能不能坐好?"

1：00 PM 午睡时间，导师说："×××，你能不能趴好睡觉，不要吵到别人？"

3：00 PM 打扫时间，又是那个爱告状的男同学："老师，×××乱丢粉笔，黑板没擦干净。"

3：50 PM 放学前，老师生气道："×××，联络簿怎么还没抄？你不想回家啦？"

4：30 PM 托管班老师催促："×××，怎么连这一题也不会写，动一下脑筋嘛！动作快，没写完就不要回家！"

7：00 PM 终于回到家，老妈唠叨着："不要看电视了，快点把饭吃完，赶快去写作业！"

11：00 PM 老妈疲惫的声音响起："已经十一点了，你到底要写到什么时候？你不想睡觉啦？"

0：00-6：30 AM 睡梦中，"木鱼生活"精彩回放。

6：30 AM 闹钟铃声响，还在睡，太阳公公起床不关我的事。

木鱼生活继续……

多动症儿童的木鱼生活每日回放，大同小异，还要面对他人的责备，你说，多动症儿童的抗压性需要有多强？无论是自尊心、自信心、自我意象、自我肯定，还是在自我满意度方面，在木鱼不断敲击的情况下，自我感觉良好才怪。

●>> 意中心理师说"情障"：注意力缺陷多动症

注意力缺陷多动症的核心问题，主要来自自我控制的缺乏，特别是反映在三件事情上：专注力、活动量与冲动控制。

一般而言，"专注力"会影响学业与日常生活的表现，"活动量大"和"冲动"则会影响人际关系和情绪管理以及班级的管理和秩序。

有些多动症儿童呈现为混合型，同时具备了不专注、多动与冲动问题的三合一状态；有些孩子主要呈现出来的是以不专心为主，例如注意力缺陷症（ADD）；有些孩子则是以多动、冲动为主要类型，多动与冲动两者往往会同时发生。

情绪行为障碍的辅导与教养秘诀

大人与多动症儿童，切身的无奈

多动症儿童到底能不能从过去学到经验？

这一点令许多大人纳闷：在电玩游戏上，孩子的打怪经验值很容易升级、累积，但是回到生活与学习中，为什么他的经验值老是归零、砍掉、重练，让自己的失误总是在原地打转？

多动症儿童也很无奈，看似活在当下，乐在其中，然而"冲动"的确让自己没有好好想过下一步。

多动症儿童当然也想要自我控制，但说起来容易，做起来真的有些困难。"自律"这两个字离这些孩子好遥远，远得像前方几近消失的车尾灯，让他们在迂回崎岖的成长路上苦苦追赶，而且常常开错道路，在崎岖小路上乱转，专注力也不知跑到哪里去了。

对多动症儿童威胁利诱，有用吗？

为什么对多动症儿童的威胁和利诱都没有作用？该骂的骂了，该给的奖赏也给了，但是为什么效果依然有限？这是父母与老师常常发出的疑问。

我经常强调一件事：如果对多动症儿童用骂的方法有用，那大概现在也不会有"注意力缺陷多动症"这个诊断的存在。

让我们来检视运用奖励与惩罚时，一般常见的问题及注意事项，期待孩子能够增加与维持良好的行为，减少不适当行为出现的频率。

·清楚的目标设定

开始之前，先清楚自己期待孩子改变的"目标行为"是什么——先聚焦，越具体越好。例如：安静地坐在位置上，问问题时要先举手，专注地听老师讲话……以此类推。

当目标设定是"孩子问问题时要先举手"，这时候，请思考在这个目标行为出现时，我们给予孩子的回馈、反应是什么？

·确认"有效"的增强物

由于每个孩子在乎、在意的事物不尽相同，因此，在运用不同的增强物时【例如：社会性增强、物质性增强、活动权利增强、代币（积点、积分）】，我们必须清楚地知道这些物品对孩子的作用是什么。比如，当多动症儿童对你的微笑很在乎，对你的肯定很在意时，社会性增强就能够发挥作用。

多动症儿童需要立即性的增强，当好的行为一出现，他立即获得该有的回馈。这种现象很像打在线游戏，分数立即显现。

·预防吃腻了胡萝卜

我们运用增强物的原理，通过奖励的方式，目的在于强化孩子出现我们所预期的行为，并期待这些行为能够长时间地维持下去。但是对孩子来说，奖励的胡萝卜吃多了也是会反胃的。

以父母最常用的方式为例，就是对孩子说："你写完作业我让你玩手机。"这么说是期待孩子写完作业，但是驱动孩子写作业的动力是玩手机。

的确，亲子之间甜蜜了一段时间，但紧接而来的副作用就是孩子不断地讨价还价，比如，要求增加玩手机的时间，或者干脆说他不想写作业，因为"我现在不想玩手机，所以可以不写作业"。

施以奖励，结果却引发了副作用。长期使用奖励，使我们忽略了把"孩子写作业"这件事情拉回到他对分内事务的负责或学习的成就感上。

奖励的消退或变化

要让奖励达到应有的效果，不妨这么做：在进行的过程中，当孩子的行为逐渐稳定了，这时便需要将这项奖励或增强物逐渐取消或做出变化。

例如：原先写完作业可以玩三十分钟手机，一两个星期之后，减少为写完作业只能玩十五分钟手机，甚至写完作业什么奖励都没有，因为这本来就是孩子应该尽到的责任。

逐步运用，拿捏增强物的时间、频率及强度，是一门科学，也是艺术，需要我们不断演练，并观察该过程中孩子行为的变化，再进行调整与修正。

谢绝威胁

我非常不建议以惩罚的方式来威胁孩子，例如："要是上课再讲话，我就不准你下课。"有些老师会发现，偶尔用威胁的方式似乎能达到短暂的效果——但也只能发挥几分钟的作用而已。有时孩子心一横，想着："既然你不让我下课，我干脆就继续讲话。"

前面提到，有些大人骂了孩子好多次，为什么都没有用？因此，我们就要思考一下，为什么骂孩子就会有作用？孩子就会表现出好的行为和习惯？

因为责骂对孩子来说发挥了"嫌恶刺激"的效果：孩子非常讨厌被骂，为了避免被你责骂，干脆把不恰当的行为删除。但如果责骂对孩子来讲不痛不痒，你期待的孩子的行为改变当然就不会发生。

我们要提醒自己，消除不当行为，并不等于好行为就会产生。当多动症儿童上课时不再扰乱课堂，并不等于他就学会了保持安静。这时，他的行为可能转向了玩指尖陀螺或手机。

在使用奖励与惩罚之余，请不要忽略孩子会出现这种行为的背后原因，**避免仅关注行为的表象，而忽略了那看不见的内在认知、想法与动机。**

在教室里,伤害多动症儿童最深的话
——他们真的不是故意的

面对多动症儿童,真的不再需要你的抱怨,他们接收到的抱怨已经够多了。以下是多动症儿童最耳熟能详,却也对他们伤害最深的话。

- 我看你就是故意的。
- 你有没有吃药?
- 我看你应该吃药?
- 你为什么不吃药?
- 应该叫你父母带你去看医生。
- 你是多动症儿童又怎样?
- 你再不坐好,再不安静下来,就不要下课了。
- 我看你就是不专心、不认真。

第一章 注意力缺陷多动症

- 不要再讲话了。
- 你到底在干什么?
- 你到底要我说几遍?
- 为什么总是不听话呢?
- 难怪没有人愿意跟你玩。
- 你不觉得这么做,让人家很讨厌吗?
- 你真的很让人讨厌。
- 你有完没完?
- 成为你的老师,真的很倒霉。
- 为什么总是考这点分数?
- 你什么时候才会开窍?
- 我看你就是永远学不会。
- 我看你以后差不多就是这副德行了。
- 谁愿意跟你一起玩啊?
- 谁跟你一组,谁倒霉。
- 你们不要跟他玩。
- 我看你应该转到特教班去。
- 好的不学,专门学一些坏的。
- 我懒得管你,反正管了也没用。
- 真的是没家教。
- 你父母到底怎么教你的?

- 我看你以后步入社会一定会不适应。
- 你放学后留下来。
- 班长，去找教务主任来。
- 我的忍耐是有限度的。
- 你不用跟我解释。
- 我不想再听你解释。
- 过来！为什么这题又写错？
- 错的题目，给我连续抄五遍。

●>> 意中心理师说"情障"：注意力缺陷多动症

前面的每一句话，其实都是教学过程中老师的常见反应。这当中也隐含了大人的内在想法和对事物的看法以及对"情障"孩子所持的态度。

这些话表达得很直接，甚至刻薄，却也很真实，对多动症儿童来说是很残酷、超负荷的，无形中会成为一种压力，将这类孩子脆弱的内心撕出更多的伤口。

你可以想象，对有多动症困扰的孩子，会经历多少人的批评、指责、唠叨、数落或嘲笑？这样的心理重击，没人承受得了。

抱怨真的无用,前面这些话,大人们别再说了,由于多动症的自我控制问题,说教的方式对孩子起不了多大的作用,孩子也是身不由己。

情绪行为障碍的辅导与教养秘诀

说话之前的自我觉察

在开口之前,我们是否能够先自我觉察:

- 自己准备说什么?
- 说这些话,到底想要传达什么信息?
- 这些话,是否会给眼前的孩子带来不可逆的伤害?
- 我们知道这些话可能对孩子造成的伤害吗?会带来哪些后果?

话很容易说,对孩子的伤害却很难弥补。

说话真的需要艺术。不妨想想,如果你是孩子,你想听到什么话?这样,我们就知道该怎么说话了,答案就藏在其中。

规范与宽容

多动症儿童当然知道社会有规范，不是他不遵守，也不是他不懂，而是注意力缺陷多动症的特质使他容易闯祸。这不是推卸责任，也不是找借口，只是大人无法接受他们的表现，孩子也是无可奈何。

对多动症儿童来说，太多的规矩就像是把不合身的衣服套在他身上，令他感到浑身不舒服。请多给他一些宽容，让他有更多尝试的机会。在合理范围内，请允许他犯错，这样，多动症儿童也能好过一些。

"我真的不是故意的。"

我相信，多动症儿童的心里面藏了许多没说出口的话。大人们忙着处理、收拾孩子造成的"烂摊子"，实在很难有心力或心思好好听他讲，甚至有时会忍不住抱怨："拜托，难道你平常说的话还不够多？请别再说了，我们已经受够了！"

其实，多动症者很想说出自己的心里话，但是不知道该如何表达。不是程度不够，而是专注力有些缺陷，很难聚焦重点，组织能力不好，很难完整地表达想法。想法跳跃的多动症儿童，心里的这句话蠢蠢欲动——"我真的不是故意的！"

他们真的不是故意的。

但我必须坦白地说，如果班上有多动症者，对老师来说，无论是在教学上还是在班级管理上，都是一个很大的挑战。

如果没有相对应的支持系统，例如资源班老师、情绪行为障碍巡回辅导教师、专业团队中的临床心理师等作为后勤帮助，对班主任老师来说，其实是超负荷的。

可以理解的是，在这种高压、高挑战的情况下，讲台上的老师很容易被诱发出不恰当的情绪反应。然而，这对孩子的伤害是很深的。

多动症儿童要不要吃药？

多动症儿童要不要吃药？说真的，这不是一个好问题，但这是许多患儿父母常常需要考虑的问题。许多事情并非是或者不是、要或者不要就能解决的。更何况，每个孩子的身心特质、症状与困扰、家庭与学习环境以及周围人群对他的接纳程度等，都会对孩子造成不同的影响。

请注意，我强调的是"孩子的"需求。

我经常分享以下概念：并不是每个多动症儿童都需要吃药，也不能一辈子吃药。药物辅助是治疗方法之一，但并不是唯一方法。当我们在考虑孩子是否需要服药之前，必须静下来思考，在孩子的专注力、活动量及冲动控制等问题上，我们是否帮他做了一些努力？

请提醒自己，这里的努力指的并不是你不断地提醒他、纠正他、告诉他、责备他等，不是"我已经跟你说了多少遍"的模式。如果"说"真的有用，那么我们也不会如此烦恼，或许多动症儿童也不会存在。

·老师具备关键态度

在演讲中，我常常会提出一个问题："多动症儿童需不需要吃药，谁最具有关键性？"许多时候，现场的回答大多是这取决于医师、家长或孩子。但在实际经验里，却发现"老师的态度"是最具有关键性的指标。

如果老师这样告诉你："关于孩子在班上爱说话、坐不住的情况，我想我会先试着调整他的座位，同时安排班上较老实的同学和他坐在一起。我会经常走到他旁边，并让他多发言，给他表现的机会。"当老师决定先运用自己的班级管理技巧来促进孩子的自我控制时，家长大多不会马上让孩子服药。

·请勿陷入非此即彼的争议

请先别让自己陷入"多动症儿童要不要吃药"这样非此即彼的陷阱里，因为每个孩子的状况真的不同。

实际上，有些孩子的失控状况不能仅靠行为改变技术、班级管理的调整、运动或辅导咨询等帮助，这时，在医师的专业评估与考量下，或许药物的使用与介入会提供一个可以给孩子维持稳定状态的机会，让他免于受困于情非得已的脱机状态，而持续干扰到他的生活、学习、自信与人际关系。

但请别认为，一切只要"吃药"就好，其他什么事情就都可以不用做了。我常常讲："数学不会，吃了药还是不会，但是比较容易被你教会。"道理也即如此。孩子是个活生生的人，他正处于多元、复杂的学习环境与人际关系里。因此，我们更需要重视，在孩子接受药物治疗的过程中，**多帮助他如何有效学习、如何建立良好的生活习惯、如何提升社交技巧以及如何维持自我肯定与自信。**

孩子要不要吃药？吃什么药？如何吃药？请和孩子的主治医师好好沟通与讨论一下。

多动症儿童诊断，谁说了算？
——别看到黑影就打枪，以偏概全是很危险的事

"你干吗那么愁眉苦脸的？"小泽爸爸问太太。

"我在烦恼到底要不要带小泽去医院检查，做个评估。"小泽妈妈皱着眉说。

"评估？小泽又没有生病，做什么检查？"爸爸一边玩手机，一边漫不经心地问。

"老师三天两头就发信息来，斩钉截铁地说他怀疑小泽是多动症儿童。我跟老师说，小泽在家里表现很好，也没听看护班老师说过有这方面的问题啊，但是老师说他相信自己的判断。我们都还没带小泽去看医生，他凭什么就断定孩子是多动症儿童？"

"你不要理他就好了。"

"你说得倒容易。我要是不理，老师就会说我们做家长

的不配合，说我们在逃避问题，只是把责任推给学校，丢给老师。"

先生两眼直盯着手机屏幕，对太太的抱怨不再做出回应。

"你就只会在那里玩手机，这些烦人的事都丢给我处理。要不这样，你直接跟老师联络，换你跟老师沟通怎么样？"

"我工作那么忙，哪有那么多时间和老师谈这些。"

听到这里，妈妈的火又上来了。

"我就是比较闲，时间比较多对不对？什么事情都要我来承担，那不如直接带小泽去医院做个评估算了，让结果来说话，我真的受不了这种胡乱猜测了。"

其实妈妈心里烦的，不是老师不断地要求她带孩子去医院做评估，或是老公总是忙于工作，得自己和老师沟通的事。

她其实是在想：小泽在学校里究竟是怎么了？如果他真的没有这些问题，那为什么老师的意见那么大？她真的很想把这件事情查个清楚，解决心中的困惑，否则，如此反复，争论不休，真的非常耗费心力。

只是她心中难免有些担心：会不会到了医院，医师给了一个"疑似多动"的诊断，到时候又得跟导师争辩"疑似"到底是还是不是……想着想着，头又痛了。

●▶▶ 意中心理师说"情障"：注意力缺陷多动症

注意力缺陷多动症的核心问题，在于自我控制能力的缺乏。孩子不专心以及多动、冲动的症状，必须在十二岁以前出现。同时，这些症状必须呈现出跨环境的表现，例如在家里、学校或公共场所，类似的状况都会出现。

我们需要真正厘清孩子的问题核心，并进一步找出解决问题的关键。如果是态度与配合度的问题，关键则在于彼此关系的建立以及行为后果的处理是否具有成效。

情绪行为障碍的辅导与教养秘诀

跨环境的考虑

当你怀疑眼前的孩子不对劲，当你猜想他是多动症儿童时，你需要先了解，这些行为的出现是否在不同的地方，比如家里、学校、托管班或公共场所，孩子都会出现这些状况。

有时候，我们很容易因为眼前所看到的，便直接认定"孩子就是如此"。以偏概全，对孩子的诊断来说非常危险，是要尽量避免发生的事。

这就如同在教室里，当老师发现孩子不断地开口说话、坐不住、静不下来时，很少去内省或自我觉察是否自己在班级管理上出了状况，而直接归咎于孩子的问题，这样的判断，是武断的。

我经常在演讲时，与家长、老师、治疗师和心理师们分享：当我们观察一个孩子的时候，避免将当下所看到的误以为是全貌。我们反而需要去思考，**孩子在我们所见"以外"的表现，与我们所见的是否一致**。对注意力缺陷的多动症孩子来说，他缺乏自我控制能力的情况，例如专注力、活动量以及冲动控制，是否在跨环境的状态下都会出现。

比较谨慎的做法是，我会试着去询问自己没有看到的部分，比如孩子在其他课堂上、其他老师面前，或者在家里、托管班、才艺班等，是否表现也是如此。**请谨慎地确认自己"没看到"的部分。**

这么做的目的，主要在于评估孩子是否出现"跨环境"的问题。这一点，对多动症儿童来说，是非常重要的判断依据。

面对不一致的表现

有时，孩子问题的呈现，因人而异。例如，对数学老师来说，孩子常常干扰、破坏上课秩序，常常没有经过同意就直接发言或走动，不写作业，数学成绩不理想，很容易让数学老师认为眼前这孩子就是个问题儿童。

但是，如果孩子在别的课堂上并没有出现这样的现象，像是语文、英语、社会、自然甚至体育课等，都能够表现应有的水平，这时我们就必须冷静思考，孩子的数学程度与同年龄的孩子相比较是否显得落后，是不是不愿配合数学老师的要求。

这就像在家里，如果妈妈在时，孩子写作业往往拖拖拉拉，其他同学半个小时可以完成的作业，孩子却总要写两三个小时，还不见得完成，但是只要爸爸提早下班，或者在家休息，孩子便能够雷厉风行，火速把功课写完。

这时，我们看到的是孩子的表现不一致，其中的关键在于孩子与不同人之间配合度上的差异。在孩子的认知评估上，对是否按时完成会有不同程度的后果考虑。

面对数学老师或者妈妈，或许孩子对他们如何判断自己的表现，觉得无所谓、不在乎，却被解读成是缺乏自我控制的问题。

我们需要让孩子自我觉察自己的"不一致"，可以这么问孩子："哪一个表现才是你？是语文、英语课配合的你，还是数学课不配合的你？"同时也可以进一步问他，"为什么会有这样的差异？"孩子必须面对你自己的内心，诚实以对。

环境的设计，作为关键的判断

为了进一步了解孩子细微的表现、特质与反应，我们可以通过一些环境的设计，进一步了解孩子的自我控制能力。

例如，让孩子坐下来，好好把一本绘本、一篇文章看完，或让孩子坐着，好好听完一首歌曲、一段故事。也不妨试着让孩子一边做事情——比如画画、拼图、搭积木，或者在写作业的过程中，留意他是否能一边和你对话，一边完成作业。这时，你要仔细观察孩子的专注力表现。

你也可以让孩子在安全的范围内自由活动，这有助于进一步了解在没有其他人要求的情况下，他的自律能力及自我控制表现。

以偏概全的风险

以偏概全，容易让我们错误解读孩子的状况，同时也忽略了我们身为父母、老师所应担负的责任，在家庭教育、班级管理方面，是否需要进行调整与修正。

再次强调，诊断应该是一段非常严谨的推论过程。正确的诊断，会是一种良好的沟通。父母和老师们不需要也不宜自行诊断，但可以细致地观察孩子的表现是否与同龄孩子相类似，以便后续与相关专业人员沟通时，提供有效的信息，帮助专业人士对孩子的本质与全貌详细了解。

请别看到黑影就打枪，以偏概全是很危险的事。

疑似多动，说不说？

当孩子疑似为特殊学生时，在入学前，是否需要主动向学校提及孩子的身心状况或诊断？说与不说的情形会如何？父母所顾虑的又是什么。

对有明显障碍的孩子，例如孩子患有自闭症、智力障碍或脑性麻痹，家长要在入学前，将孩子的相关评估数据告知学校，比如幼儿园毕业进入小学、小学升至初中、初中升高中等。

但是，对有些特征相对不明显的孩子，例如疑似注意力缺陷多动症，在说与不说之间，父母所顾虑的核心问题到底是什么？

有些父母担心，当主动提了之后，如果老师对这些障碍缺乏基本的认识与了解，老师一开始就给孩子贴上"不正常"的标签，反而会对孩子造成负面影响，这也是家长的顾虑与担心所在。

因此，当孩子有医疗诊断（例如疑似注意力缺陷多动症），却不具备特殊教育学生身份（例如家长未申请特教鉴定），家长们或许就先让孩子以一般学生身份或者说正常学生的身份进入学校再说，届时视孩子的实际状况和老师的反应再说明情况。这种情况在进入私立学校或幼儿园的孩子身上也很常见。

然而，当孩子实际上存在一些状况，如分心、多动、冲动等自我控制问题，而父母选择不事先说明，对班级而言，往往会造成老师的困扰，家长与老师的关系将趋向紧张。同时，对班上其他孩子来讲，也不见得是好事。

这问题主要原因在于班级安置了特殊学生，在没有告知的情况下，很容易造成同一个班级出现两名、三名或更多的特殊学生与疑似生的问题。

特别令人烦恼与头痛的是，将彼此容易产生冲突的障碍类型孩子安置在一起，会给老师在班级管理与教学上带来严峻的挑战。

最常遇到的情况是，班上同时有注意力缺陷多动症及亚斯伯格症的学生，或者是注意力缺陷多动症的比率偏高，老师需要关注的人数就过多，非常不利于老师的教学。

对许多家长来说，当然期待孩子在入学前或者开学不久后，老师就能很充分地了解孩子的状况。入学前的提示，有助于老师在日后的教学与管理中更好地帮助孩子，充分地接纳孩子，并找出更适合的教学方式。

在说与不说之间，其实反映着家长与老师之间对障碍类型以及特殊教育的认知、信任、态度、观念等是否一致。

不过，疑似特殊生在尚未取得特教身份的情况下，如果有需要，可以事先告知，将相关评估资料提供给学校，让孩子有机会优先享受辅导咨询系统的辅导，降低可能产生的行为与情绪等问题。

因此，"充分沟通，充分信任"，在家长、老师、学生之间是非常关键且必要的。

孩子爱说话怎么办？
——锁紧自我控制力，培养行为好规范

"阿金，你到底怎么搞的？我已经跟你讲了多少次了，上课时要安静，你怎么就记不住？"

如同以往，老师这话一说完，阿金维持了短时间的安静，但过不了几分钟，他又不时转头继续讲话。无论老师将阿金附近的同学换了多少轮，他依然如此，话说个不停。

老师干脆把阿金的座位换到最后面，他却照样拍着前面同学问东问西，让同学不堪其扰。

老师曾经把阿金的座位挪到讲台旁，离自己的办公桌近一些，但这种隔离的做法，让家长有了微词，认为这会让孩子的自尊心受损。老师为了顾及家长的感受，同时也不想被家长投诉，又把孩子的座位做了调整。

无论座位怎么安排，同学的抱怨声都不断："老师，能

不能让阿金上课时不要说话？他吵得我们都没有办法好好上课。"

　　有时候，除了同学的抱怨之外，也会有同学跟阿金聊起天来。课堂上，学生三三两两地在底下讲个不停，是会影响老师的教学的。

　　老师曾经也试着用忽略的方式来处理学生上课讲话的行为，但时间长了，自己却迷惑了。教室里，先后有三个学生转头说话，其中两人是普通学生，另一个是经医师诊断为有注意力缺陷多动症的阿金。几次下来，老师却发现学生竟然出现不一样的后续行为反应。这让老师在忽略法的运用上，不知如何是好。

●▶▶ 意中心理师说"情障"：注意力缺陷多动症

　　多动症儿童爱说话，话很多，却无法说出重点，常像烟火似的四处乱飞，思绪乱跳；组织能力上，往往架构松散得像被风一吹就会倒塌一样；同时，常不考虑说话的环境。简单来说，就是不该讲话的时候讲话，讲了不该讲的话。

　　多动症儿童对说话这件事情，缺少自我觉察能力，因而对所说的内容常常不经修饰，也忽略了当下的环境是否允许自己开口说话，以及是否适合说出这些话、对方是否愿意听、对方听了是否感到生气或厌恶等。

注意力缺陷多动症儿童的活动量与冲动往往是并存的，同时会出现跨环境现象，在家里、教室里、公园、阅览室、餐厅、公共交通工具上，都会出现无法控制的情况。这时，就需要考虑孩子的多动、冲动是否已经妨碍到了他的生活、学习与人际发展等。

情绪行为障碍的辅导与教养秘诀

适度的宽容值

课堂上，如果老师愿意适度允许孩子有控制不住的状况，给多动症儿童一些宽容值，孩子会非常感谢你。

他爱说话，你可以试着多问他；他坐不住，你可以试着让他上台发表意见。但如果可以，请不要只是对他喊、只是提问他，这样做，孩子才不会那么尴尬。

活动量的微调训练

关于活动量控制训练，先让孩子练习观察。在控制说话音量上，可以让孩子了解说话音量大小的差异与变化。从一开始，可将声音大小分为一至十这十个级别，让孩子知道，"十"的音量是最大声，"一"的音量是最小声，如同遥控器的声音大小控制一样。

你可以数一，让孩子发出声音，比如"哇"。接着数二，孩子的声音必须比前面的音量再大些。接着数三、数四、数五……以此类推。让孩子通过一次又一次的练习，能够观察和辨识音量的大小，并做好控制。

同时，借助实地演练的方式，让孩子熟悉在哪些场合，音量需要控制在三以内；哪些场合，音量可以维持在八、九、十这个度。

这些训练方法可以在日常生活中进行，例如，在公共交通工具上、阅览室、餐厅、教室里，声音最好控制在一、二、三这个度；至于在公园、广场、游乐园，这时的音量就可以放大到八、九、十这个度了。让孩子学习在不同的环境中，对活动量和音量是有不同的要求的。

让孩子维持适度的活动量，行为符合社会的规范，同时保证自己在安全的范围内，不干扰他人，不给别人造成困扰，这时的活动量才是最佳的。

赋予孩子任务，让他去执行

我强烈建议能给注意力缺陷多动症孩子分配一些任务，让孩子的活动量和注意力转移到这些事情上。例如，让他每天负责家校联络簿的抄写，拿着老师抄写在黑板上的内容，让孩子先自行书写一遍，写完之后，再让孩子核对一遍。必要的时候，让他朗读一遍，同时在黑板上抄写一遍，再让他朗读一遍，让孩子的整个过程"习惯化"。

不只远传，还有距离

教室里，当老师想要对孩子说话时，可以走向他，这样他的专注力会好很多。如果老师经常走向孩子，孩子的专注力就会不断提高。

多动症儿童的座位常被安排在教室的后面，当老师远远地叫他，孩子不一定能够在第一时间听到，甚至听进去的内容也是有一搭没一搭的，老师往往得再说第二次、第三次……

同时，当老师离这类孩子较远，说话时要耗费很大的力气时，说话音量就得放大，老师也相对容易出现不耐烦情绪。多动症儿童很容易浮躁，如果遇到对方不耐烦，那么他就容易变得更加不耐烦。

说话慢一点，在关键处停顿一下再说，这会让孩子比较好掌握。说话也不要像机关枪一样，噼里啪啦地成串不停，这样容易让多动症儿童的专注力更下降。他只会注意到满地的弹壳，很难抓到老师要说的重点。

你不看我，我来看你

多动症儿童的问题之一，在于欠缺专注力。当你和多动症儿童对话时，会发现他的眼神四处飘移，经常受到周围不相干事物的刺激影响而分心。

当他的眼睛不看你时，你可以试着主动接近他，看着他，或者排除不必要的干扰源，试着让他的专注力回到你的眼神上。

忽略法、故意行为与多动症儿童的"三角关系"

"忽略法"主要应用于孩子故意的不当行为，对其不给予注意，不给予回应，以削弱这负面行为。因此，在运用上，必须谨慎思考眼前的孩子可能存在的动机以及这种行为所要传递的信息是什么。

忽略法的运用,也关系到我们对孩子行为的解读以及了解程度。

·普通学生的故意行为

身为老师,如果发现眼前的普通学生转头说话是故意要引起你注意,请你继续上你的课,这样可以削弱一些孩子的不适当行为表现(例如转头说话)。

有时,孩子发现你对他的转头说话行为不注意而继续加码时,希望引起你的注意(例如故意摇晃桌子,起身走动),除非表现得太过了,已超出你可容忍的限度,你需要立即制止,否则的话,你应该继续上课,孩子的故意行为就会慢慢消失。

·普通学生的非故意行为

若普通学生转头说话,并非要故意引起你注意,这时你采取忽略的方式,没有进行制止,孩子会认为你在班级管理上拿他没办法,他这种行为就很容易继续出现,甚至会导致班上其他同学有样学样,也出现上课聊天、说话的情况。

·注意力缺陷多动症的失控行为

面对注意力缺陷多动症孩子时,由于他转头说话、离开座位，主要问题是他自我控制能力薄弱，这时我们选择忽略的方式，没有进行制止，孩子的失控行为很容易越演越烈，继续说话，继续走动，继续发出声音。

有时考虑孩子的自我控制能力，很大部分受限于生理因素，我们对多动症儿童失控的行为表现会有某种程度上的宽容。在宽容值允许的范围内，我们会适度地允许或接受他一些不适当的行为。这种宽容尺度的把握，则视每位老师的宽容度而定。

然而，面对这样的情况，反而需要积极的做法——我们走向前，接近他，眼睛看着他说话、上课，让他回答问题，让他有事情做，转移他的注意力，减少他的活动量，例如在黑板上做数学题，或者帮助老师发放作业本等。

· **解读故意行为**

有故意行为的孩子需要的是"被关注"，因此，不妨停下来思考，是否我们对他的主动关注太少，或是没有满足他的需求。这是我们必须解决的核心问题。

孩子的故意行为告诉我们，孩子是具备自我控制能力的。也就是说，孩子会在他认为必要的时间，才去做出该动作。

例如，孩子故意在你面前，将水壶里的水往地上洒；当你没出现，他就没有必要做出这个举动，他会等待你来。孩子的等待，反映的正是一种自我控制能力。

反过来，如果是多动症儿童失控了、玩疯了，不管老师有没有进入教室，他都会把水壶里的水洒满地。

当然，如同普通孩子一样，多动症儿童也会有故意行为出现的时候。因此，面对孩子的行为表现，需要谨慎地加以厘清。

当上课常被打断怎么办？
——提升多动症儿童的"提问力"

"老师，请问浊水溪的水到底有多脏？不然为什么叫它浊水溪？"阿龙突然从座位上站起来，提出了这个无厘头的问题。

"我们现在上的是语文课，怎么问这个问题？"小风指着阿龙，夸张地笑着。

"阿龙，问问题前，你要先……"

"那是什么？"老师话还没说完，阿龙又站了起来，踮起脚，两眼瞪大地往窗户外看去，"老师，那是不是绿绣眼啊？哇！真的好可爱。"

"我真的是输给他了。""他在搞什么啊？怎么老是这样，真离谱。""真的是爱搞笑啊。"同学们三三两两地嘀咕着。

"阿龙，你到底在干什么？"老师也跟着把视线移向窗外。

小凤故意学阿龙也踮起脚："绿绣眼？绿绣眼？在哪里？"

"哈哈，早就不知道飞到哪里去了。"阿龙得意地说。

老师对阿龙总是突如其来的提问感到头痛，常常让自己备好课的脑袋一下子运转不过来。

"你们两个有完没完？认真上课，把课本翻到第二十八页。"

"老师，你是走关系才进学校的吗？"

这个敏感问题问得老师非常尴尬："阿龙，你……"老师的脸顿时红了起来。

"如果是的话，那真的不太好。我妈妈说……"

"阿——龙——"

面对班上的多动症儿童，就像是面对无菜谱的菜单一样，你知道他会出菜，但不知道他会做出什么菜，因为他完全不按常理出牌。

对阿龙，老师真的受够了："这孩子真的知道自己在做什么吗？"

当千颂伊的车子即将坠落悬崖时，会瞬间移动的都敏俊突然出现，两手奋力一撑，挡住即将坠崖的车子，拯救了千颂伊——这一幕，在韩剧《来自星星的你》中深深掳获了观众的心……

逃避虽可耻，但有用。当甜美可爱的新垣结衣饰演的森山美栗，望着星野源饰演的津崎平匡，突然展开双手，大声说出："今天，星期二。"——这一幕，在日剧《月薪娇妻》里，吸引观众目不转睛地看男主角到底会如何反应……

当《通灵少女》仙姑谢雅真在济德宫帮助别人解除厄运，神情专注地将手放在求助者的头顶上方那一刹那，镜头停留在雅真的表情上……

演讲中，我经常通过"演出"这些桥段，和现场的老师或家长们分享，与多动症儿童互动时，所谓的"停格"技巧的运用。这就如同戏剧里经常出现的张力，剧情的转变，其实都在这关键的时间上。

阿龙就需要停格，清楚地知道自己在干什么。

●▶▶ 意中心理师说"情障"：注意力缺陷多动症

多动症儿童好发问，但是我们要仔细思考孩子是否在对的时间，问了对的问题。同时，进一步厘清这些发问是真的来自孩子的好奇，想要解决自己的疑惑、厘清自己的想法、想知道问题的答案，还是一味冲动地脱口说出连珠炮似的问题。

问问题当然是好事,如果问了该问的问题,而且符合当下的环境,与人、事、时、地、物相吻合,那当然再好不过。

只是很无奈,多动症儿童在问问题这件事情上,总是打断老师的既有节奏,同时不断地提出问题,让老师不断地解套再解套,甚至乱了套,让人倍感头痛。

情绪行为障碍的辅导与教养秘诀

停格与张力的必要

对自我控制明显冲动的孩子,非常需要加强他的自我觉察能力。这能力的训练往往在日常生活中,例如在我们看的偶像剧、戏剧或电影里,常常存在着上述提到的张力。

这张力正暗示着,借由表情、身体语言、肢体动作、说话的暂停技巧,营造气氛的凝结,来诱发孩子的自我觉察。这可以让他有机会看见自己的行为模式,进而调整并加以控制。

停格的时间差,需要拿捏得非常准确。这就如同在排球赛中,你弹跳起来奋力杀球,要让对方招架不住。这里要强调的是时间差的拿捏,而非让这些孩子招架不住。

跟多动症儿童说话,不需要像演舞台剧那样,不需要眼神、表情、动作那样夸张。但是，我们可以捕捉舞台剧、戏剧里所表达出的张力精华，就像每一部戏剧即将进入广告或结束时，在画面停止、时间凝结的刹那，最能吸引观众的目光。

停格，让孩子主动关注你。这时他将更有机会自我觉察当下自己所说的话、所做的事、所表现出的行为到底是怎么一回事。有了觉察，相对就有机会进一步练习自我控制。

检视自己的说话模式

请仔细留意，多数人在跟多动症儿童说话时，说话的速度通常非常快，话说得非常多，话说得很急，同时在说完话之后，并没有给这些孩子去反应的时间。

又或者，我们说得越多，反而让多动症儿童的情绪越激动。

我们需要时时检视自己与孩子的说话方式，是否常常不经意地造成反效果。另外，假如常讲些没有作用的话，久而久之，孩子便不再理会我们所说的了。

提升对时间点的精准掌控

多动症儿童常常在不对的时间，问不该问的话。没错，孩子很急,但问题也在这里——对时间点的判断,是多动症儿童需要练习的一项能力,至少要让对方把话说到一个段落。也就是说,孩子要能够分辨出对方说话的停顿点。

当孩子急着问问题时,不妨先让他在自己的脑海里,把想问的问题一遍又一遍地练习。要让孩子练习说他想说的话,更需要让他先练习如何保持沉默不说话,这关系到自我控制的能力。

将想问的问题写下来

当孩子一波又一波地发问,且冲动的现象胜过孩子的求知、解惑需求,这时,就需要让孩子进行如下练习:可以先把想问的问题写下来。

对多动症儿童来说,写字是一件非常讨厌的事情,他们很缺乏耐性的。但是当脑袋中装了太过于纷乱、跳跃、天马行空的想法,再加上太容易分散的专注力,"写下来"反而有助于**孩子提醒自己:有哪些待办事项、这些事项的重点以及事情之间的先后顺序。**

写下来的好处是,可以将眼前的事转化为文字,清楚地写在纸上。这时,孩子比较能够做出决策和判断,不至于丢三落四。

你可能会说："孩子就是不想写下来呀！"这种情况在实际操作中，确实会经常遇到，但也就是因为如此，才需要练习写下来。如果现在不写，那要等到什么时候才动笔练习呢？

注意力缺陷多动症孩子的脑中，常常有数不尽的想法出现。如果能够让这些零散想法明确地落在纸上，对孩子来说，不但是取之不尽的创意来源，还能练习在写出来之后，把判断为不重要的事情删除，通过去芜存菁的方式，慢慢找到对自己来说重要的事物。

写下来的另一个好处是，给孩子沉淀的机会与自我觉察，思考自己所说的内容到底是什么。

转换风向问孩子

面对孩子爱发问的情况，我们也可以转一个方向，改为"问孩子"。这时，多动症儿童便需要练习听觉专注力和理解的能力，练习聚焦于对方所问问题的关键是，训练自己抓重点的能力。

当孩子听懂了问题，接下来就需要练习如何把自己知道的答案和零碎的信息组织起来，完整地回答你。

我们常发现孩子容易直接脱口说"不知道"，这时就必须停下来仔细地思考：孩子是真的不知道，还是没有耐心去思考、懒得思考或不愿思考？

若孩子脱口说了太多次"不知道"，久而久之就变成一种自动化反应，同时因为太久没有思考，真的会越来越难做出反应。

就是因为"不知道"，所以才要练习。

录音下来，反复听

如果孩子说了，孩子回答了你问的问题，建议你把孩子的回答录下来。让孩子反复听，以此来观察自己的说话方式及思考习惯。

接着，你可以再问同一个问题，再让孩子回答，并且让他留意自己的答案是否与之前的回答有所不同。

提升多动症儿童的问答力，让他试着练习好好地问答，这是孩子发展自我觉察、自我控制，以及与他人互动所必须具备的能力。

"立即性回馈"的助燃效果

对多动症儿童来说，对他们的"特殊需求"给予立即性回馈，扮演着关键角色。

多动症儿童的需求往往分外明显，特别是当孩子面对眼前使他感到困难或乏味的事物，或者真的激不起学习动机，或专注力明显涣散时，立即性回馈可以带来学习的助燃效果。

有些老师面对缺乏学习动力的孩子，会适时调整教学模式，例如从单一的教学模式转换成分组比赛或者抢答。或是将孩子的响应转换成比赛积分，并记录在黑板上。这些分数的变化正像立即性回馈一样，牵动着多动症儿童的关注。

你的一个积极响应，很容易激发孩子"继续"参与的动力，就像玩在线游戏时，分数的跳动、关卡的破解和等级的进阶，时刻揪着孩子的心。

同样的道理，在课堂上，如果老师没有立即回应，或延时才反应，多动症儿童的学习动力很快就会减小。

考虑多动症儿童的身心特质，"立即性回馈"是一种阶段性的必要。因此，回馈的时间、频率和次数，可以参考多动症儿童的学习状况、专注力表现与课堂参与度慢慢增加。

例如，以前写对一道题给一次奖励，逐渐调整成写对三道题、五道题才给予奖励。以前只要他一举手，就允许他回答，慢慢地，逐渐拉长至举三次手、五次手才让他回答。逐渐减少孩子的满足感，让多动症儿童能够适应等待。

当我们多了解这群有特殊需求的孩子的身心特质与学习特性，适时微调教学及互动方式，对他们来说就会是一种行之有效的帮助。

立即性回馈不是给不给的两难，而是可以作为视情况调整的教学策略与考虑多动症儿童特殊需求的贴心选择。

当孩子被排挤
——"不跟我玩，我就闹你"的失控

"赶快跑，赶快跑，讨厌鬼过来了！"同学们一哄而散。阿旺使劲地奔着朝阿勇的方向追了过去，用力推了他一把。

"你干吗推我？"

"我就是想要推你！"

其他孩子蜂拥过来，七嘴八舌地嚷着："阿旺你走开，你走开！我们讨厌你，我们不想跟你玩。"

"我就是要玩，怎样？"阿旺越说越急，越说越气，双手胡乱挥舞着。

"谁想跟你玩？你这不遵守游戏规则的坏家伙，每次都让人家受伤。"

"走开，你走开，你这个多动症儿童离我们远一点。我妈妈说不要跟多动症儿童在一起玩。"

"没错，没错，每次跟你一起玩就容易受伤，这多危险哪，你最好离我们远一点！"

同学们你一言我一语，让阿旺更是无法忍受。大家越讲，他就越刻意要闹。

但阿旺一直不理解，为什么同学遇到他就像遇到鬼一样，总是和他保持距离。他非常非常想要玩伴，可是班上的同学们似乎不领情。

虽然他常不小心就撞到人，让同学感到不舒服，但他自己也不愿这样，他也很努力想控制，不过只要一和同学们玩起来，他就像失心疯一样，很快就失去了控制。

有时这也令他很懊恼，他很清楚自己这样容易让同学感到讨厌，可是同学越讨厌，越让他想要接近他们。要说他是故意的吗？或许有一些，因为若他不刻意接近同学，他们是绝对不会靠近自己的。

●▶▶ 意中心理师说"情障"：注意力缺陷多动症

在演讲中，我常常说多动症儿童在人际关系上其实不太去挑选朋友。当中原因很令人心酸：因为如果再挑，那么这些孩子就没有朋友了。

对多动症儿童来说，一个人总是难熬，毕竟强烈的人际互动需求没有被满足。我常常在想，为什么这些孩子在校园、班级中，很容易陷入"一个人"的窘境？

老师或许会说："谁叫他在教室里话那么多，动作那么大，情绪那么冲动。只要他自我控制能力再好一点，同学自然会找他一起玩。"

这么说看似有道理，但换个角度想，如果这群孩子在自我控制上的能力那么强，那么"注意力缺陷多动症"这个词也不会跑到这些孩子身上了。

我常常强调，若老师愿意接纳这群孩子，班上的同学们自然就会散发出友善与和谐。

情绪行为障碍的辅导与教养秘诀

举手之劳，化解人际困扰

班上有多动症儿童，对老师的班级管理的确是个很大的挑战，但也真的就是举手之劳而已。可以采取"公开版"（例如直接请班上几位同学试着和这个孩子做朋友）以及"隐藏版"（在互动小组的安排上，老师很巧妙地选择几名特定的同学，时常和多动症儿童互动）的方式。

其实，我们一个小小的动作，都会给这些孩子带来大大的感动与满足。

请别再说"班上没有同学愿意和他们玩"这样的话了，听到这句话，我总会想："然后呢？"然后我们就狠心地看着这个孩子在班上被疏离、孤立、边缘化吗？

我还是要强调，孩子需要不断地调整自我控制、提升察言观色的能力，学会适当的社交技巧，以维护自己的人际关系。这也是多动症儿童在成长过程中，必须不断改善的社交能力。

细腻的对待

如果老师在课堂上可以用"转移"的方式取代在教室里"打地鼠"（比如指名道姓、提醒、叮嘱、指责、纠正孩子），而转为较细致的方式来转换孩子的活动量及冲动性，这种做法对维护多动症儿童在同学之间的形象是比较合适的。

否则，当一个孩子不断地在教室里被老师叫"黑"了，叫"坏"了，很容易让其他孩子形成对多动症儿童的偏见。而这种认知一旦形成，少则一个学期，多则两年，孩子们别想好好地在一起玩了。

转个弯，看见多动症儿童的美好

一提到多动症儿童，你会想到什么？

或许你的脑海里尽是这些孩子带来无限困扰的形象，让你十分头痛，避之唯恐不及。然而，对有注意力缺陷多动症困扰的孩子来说，这些先入为主的刻板印象并不公平。

我们选择用什么角度看待孩子，多少也决定了我们对待他的态度与方式，是接纳，或是排挤；是欣赏，或是厌恶。

让我们来转个弯，一起发现多动症儿童的美好。这一点都不难，只要你愿意。

- 这孩子很有活力，我想对班上同学的热情会有激励作用。也许，在接力赛、百米冲刺中，他能为班上带来好成绩。你不觉得吗？多动症儿童的精力充沛也为我们树立了好典范，让身心疲惫的我们羡慕不已。

- 这孩子很有创意，不受限于既定事物的框架，常常有神来一笔功效，能促使同学们开发更多欣赏事物的角度。他的点子源源不断地弹跳出来，而且许多是新鲜货，如果你愿意帮助他，牵起一条"组织的线"，这就更加完美了。

- 我发现，只要你愿意和他玩，这孩子是很能接纳对方的，他不太会把朋友归为哪一类。如果你拒绝了他，他会感到挫折，但他总是能够很快再度鼓起勇气,去找下一个愿意接受他、和他玩的人。当然,请别经常拒绝他。

·论起抗压性,你会发现他总可以名列前茅。不然,你想想看,哪个孩子可以有这么大的容量,承接从早到晚不停的指责、批评、纠正、数落和嘲讽?不过,这些负面的对待还是要适可而止,多动症儿童也是一个孩子,承受力是有限的。

·这孩子有很多话可以聊,让你感受到原来世界是如此宽广。假若你可以固定一个话题,在原地打转,引他回来,他是有机会从天马行空、无垠的大海中,慢慢回到你的轨道上的。

·若你曾经和多动症儿童相处过,即使很长一段时间未再见面,但他还是对你印象深刻的。无论是在路上还是校园里遇见了,他常常会笑脸迎人,对你说声:"嘿!"当然,如果可以,你遇见了请别躲开,热情地打个招呼,他可是会心花朵朵开的。

·和多动症儿童相处,不需要我们费太多心思思考复杂的人际关系。因为他总是很纯真地看待事物,有话直说。你不需要担心他耍心机或拐弯抹角、表里不一。他的诚实,让你很快就能懂他的意思。他的情绪透明,让你一眼就能看穿。

·这些孩子充满好奇,总是想一探事物的究竟。当然,如果你愿意展现温柔、善良的语气,给他一点时间,让他可以好好练习,在触碰别人的东西之前先征询对方的意见、获得对方的同意,彼此就能皆大欢喜。

换个角度欣赏孩子吧！你将对多动症儿童有全新的认知，让你对他刮目相看。

如果我们愿意帮他们一把，如果我们愿意在孩子的人际关系上轻轻地施点力，孩子将会由衷地感谢你。因为老师了解他，让他在教室里可以从容自处，而不会尴尬。

电影《五个小孩的校长》（2015年）里，有这样一段话："每个人的一生中，总会遇上一位值得你惦挂着的好老师！"我知道，对多动症儿童来说，那位老师就是你。

多动症儿童卫教倡导怎么说?
——聚焦在"如何好好相处"

"阿雄,今天你不在教室的时候,林老师对着全班说你是多动症儿童。你真的是吗?"阿廷拍拍阿雄的肩膀问。

"干什么?林老师为什么在背后说我的坏话?有本事就当着我的面讲啊!"阿雄听了就发火。

"哎呀,老师应该也是为了你好,给你留面子,免得你在场听了会尴尬。"阿廷打圆场。

"在背后说我坏话,你觉得是给我留面子吗?"

"这哪是什么坏话,而且我觉得林老师说的真的跟你很像,以前我们看到你都在猜疑,只是大家私底下讲而已,不敢在你面前说。"

"那个死林老师,在背后说了我什么?"阿雄好气。

"他只是说,像你这种病需要到医院看看,甚至有的人需要吃药。那时候，有很多同学问：'老师，那阿雄有没有吃药？''不吃药会怎样？''那个药是不是毒药啊？到底要吃多久？'还有人说：'阿雄好可怜，说不定得吃一辈子药呢。'"

阿雄越听心里越不爽。

"当时我在想，奇怪，你怎么都没有跟我说过？虽然我也觉得你爱讲话、静不下来、上课不专心、作业常常写不完，常常跟人家打架，考试成绩也不理想……有时会想你是哪根筋不对劲。原来，你就是老师说的多动症儿童，现在终于真相大白了。"阿廷话匣子一开就停不下来，"我挺好奇的，多动症儿童到底是什么感觉啊？你倒是说来听听，那你有没有吃药？吃了药，又是什么感觉？"

面对阿廷充满好奇的眼神，阿雄紧握起拳头。

"你欠打是不是？一个林老师已经让我很不爽了，你还在我面前问东问西的。这个林老师，竟然让我在班上丢脸！"

"这有什么好丢脸的？"阿廷一本正经地说，"多动症顶多就是一种病啊，生病了就吃药呗，问题不就解决了吗？"

"你再说一次看看，再让我听到'病'啊'药'啊的，小心我把剩下的药全都塞进你嘴里面。以后不要再让我听见这些鬼话！"

●▶▶ 意中心理师说"情障":注意力缺陷多动症

在演讲场合,我可能要花上三个小时、六个小时,甚至是十二个小时,和老师们分享什么是"注意力缺陷多动症"。或许老师们明白了"多动症儿童"这个概念,但并不代表他们就知道如何跟孩子相处。

更何况,老师们在班上是面对一群学生,不可能跟学生们花三个小时、六个小时或十二个小时来说明情况。所以,教育的重点不应该在于和学生们谈论"多动症"这个疾病,而是强调"如何跟眼前这个孩子相处"。

情绪行为障碍的辅导与教养秘诀

倡导前的思考

为什么孩子对"多动症"这三个字非常敏感?我们到底要不要和学生们强调"多动症儿童"这个词?

在此要先请问老师:

- 你有这样的担心,主要的顾虑是什么?

- 你想让班上的同学们了解到什么程度?
- 为什么你觉得同学们想知道?
- 如果你不说,到底会如何?

这些都是我们在做教育之前,可以先仔细思考的。

摆脱刻板印象

在进行教育之前,我们可以先搜集信息,听听别的老师与同学们是如何理解"多动症儿童"的。

请特别留意,这时我们要的绝对不仅是抱怨。以下是老师常有的抱怨:

一、孩子应该吃药。

二、孩子干扰到我上课的秩序了。

三、孩子影响到其他同学的学习了。

四、班上其他同学的家长在抗议。

五、我认为他需要转到特教班。

六、他应该多抽时间到特殊教育班上课。

七、他都不写考卷。

八、他都不交作业。

九、他上课都无法专心。

十、他常常在学校做出一些危险动作,我没有办法预防。

十一、他总是和班上的同学起冲突。

十二、他总是不听话。

老师说这些情况都是容易在多动症儿童身上看到的。但是,如果我们对孩子的印象只停留在这里,事实上还是不清楚这个孩子到底是怎么了。**这对了解多动症儿童没有太大的帮助,只会加深我们对这些孩子的刻板印象。**

每个人都有一些特殊的身心特质。或许,多动症儿童的分心、多动与冲动特质,让周围的大人、小孩感到不耐烦,也比较容易对他产生厌烦。然而,每个孩子都有他自己的优势,多动症儿童也不例外。

先取得家长的同意

在进行特殊教育前,老师要先经过家长的授权和同意。对有些家长来说,即使孩子已经就诊,甚至确诊为多动症儿童,但父母可能还没有做好准备,如何告诉孩子"注意力缺陷多动症"是怎么回事,甚至还没有决定在什么时间、什么情况下和孩子说明白。

在没有经过家长同意的情况下，若我们贸然地跟学生们强调某某某是多动症儿童，家长心理上是无法接受的。毕竟连父母都没有做好心理准备，更何况是孩子。

这很容易造成家长与孩子心理上的不舒服，觉得未得到尊重，没有去了解当事人的感受，甚至会投诉老师。

聚焦在如何相处

当家长同意之后，接下来的谈论内容应该是聚焦在"如何相处"上。

分享一个我在校园里和一年级小朋友进行的心理教育的实例。

首先，对班上的孩子做调查："上课会打嗝的请举手，容易肚子饿的请举手，坐不住的请举手，会流手汗的请举手，想要上厕所的请举手……"以此类推，便可以将大部分孩子在课堂上可能出现的状况一一列出来。其中也包括了多动症儿童常见的症状，例如坐不住、爱说话、容易分心等。

接着，问现场的小朋友："如果某个同学上课打嗝，我们应该怎么帮助他？对容易肚子饿的同学，我们怎么帮助他？对那些坐不住的同学呢？我们怎么帮他？当同学流手汗或者想要上厕所，我们怎么帮助他？"

这么说的目的，在于让学生们知道，其实每一个人都有一些状况发生，只是有些常见，有些少见，有些是小状况，有些是大状况，有些状况影响到自己，有些状况则影响了别人。但无论如何，**这些都是状况，都需要帮助**。

我们不一定要去强调、突显"多动症儿童"的情况。

尊重孩子的去留选择

如果你真的想在班上强调"注意力缺陷多动症"这个疾病，在经过家长同意之后，请给孩子留有选择的机会。要让当事人知道：老师将会在星期一早自习时，和同学们谈论"多动症儿童"这件事。你可以选择留在教室里参与，也可以选择不参与。让孩子自己做决定，这是孩子的权益。

要不断提醒自己，不要在孩子背后强调这个"疾病"，也**不要在没有告知孩子的情况下，贸然地在教室里面谈注意力缺陷多动症**。除非这是全校、全年级的活动，否则，在一个班级里面开展疾病教育，很可能让当事人认为你在说他，同样，其他学生也容易对号入座。

疾病教育越自然，孩子的接纳也就越自然。不用突显、不用强调,只要让其他同学知道,每个人都有需要帮助的地方,当然,每个人也都有值得欣赏的地方、待改善的地方。

给予应有的接纳

对老师而言,如果班上有"注意力缺陷多动症"的孩子时,老师在心态上、班级管理上,都需要多些包容、体谅和接纳,毕竟没有人喜欢自己有这样的困扰。谁不想好好过日子?谁不希望在同学的心目中留下美好的印象?

让学生们了解,不要带着嘲讽的心态看待多动症儿童。就像同学感冒了要吃药一样,其他人不但不会嘲笑,还会劝他多休息。那么,为什么多动症儿童需要吃药时,同学们却带着嘲笑的目光看他?

这就如同看耳鼻喉科、小儿科一般,大多数人会认为这是很正常的事,但是当多动症儿童需要看儿童心智科、儿童精神科时,同学们的态度就来个一百八十度的大转弯。

老师如何看待注意力缺陷多动症的孩子,也决定了同学对这类孩子的态度。当老师投射出的是友善的眼神,当老师伸出接纳的双手,班上的孩子也会以相同的态度对待这类孩子。

接纳自己的身心特质

让孩子学习接纳及了解自己的身心特质,而非单一以"多动症儿童"当作日常行为及学习表现的借口,要帮助孩子从自己的身上找到优势的特质(例如贴心、幽默、热情、善解人意),我们要仔细地去探索和发现,同时,也必须让孩子有自我肯定的机会。

如果有机会把多动症儿童放在适当的位置,这类孩子也可以像其他人一样,在擅长的事情上发光发亮,让周围的大人与同学们刮目相看。

我们可以引导孩子这么做:针对自己相对"待改善"的特质,例如注意力容易分散、活动量与冲动相对难以控制,必须学习与了解,在什么情况下自己容易踩到地雷、出现状况,而给自己及他人造成困扰与麻烦。比如在人越多、越嘈杂的情况下,自己就可能会失控。

孩子对自己的身心特质有了清楚的掌握,就比较能够达到预防的效果。

多动症儿童也是一个孩子,只是他比别人多了因为缺乏自我控制能力而给周围人带来的困扰。多动症儿童不需要同情,但是你的"感同身受"可以让孩子过得更好。

接受"不完美"的存在

让孩子学习接受每个人身上都存在的不完美以及能力的局限性。当然，父母及老师也需要有这样的认知，并且让孩子知道，自己因为这些特质而造成日常生活、学习、人际、课业以及关系上的困扰，需要更进一步地寻求他人的帮助。

多动症儿童需要接受相关医疗机构、特殊教育辅导等，有些孩子则可能需要接受药物辅助，而我们大人对药物的看法，也会影响孩子对药物的不同认知。

我经常强调：当多动症儿童从学校毕业，进入社会工作后，社会大众并不会关心他是不是多动症儿童，是不是有注意力缺陷多动症的困扰，大众看重的是这个人的表现。这一点很残酷，却也很现实，当然，事实上这对多动症儿童并不公平，但是又无可奈何。

然而，如果孩子愿意面对自己的特质与问题，在了解之后，自己愿意尝试改变。虽然这种改变的过程并不是那么容易，但至少自己努力过，尽管挫折不断，却也问心无愧。更何况，对注意力缺陷多动症的孩子来说，行为改变的可塑性其实是相当高的。

第二章

焦虑性疾患

孩子不说话，老师怎么办？
——少安毋躁，营造开口的机会

"老师，为什么小彦不用回答问题？"

"对呀！为什么他可以不回答问题，而我们就一定得回答？"

"老师，他不回答，是不是就没有分数？"

"不公平，不公平，只要不说话，老师就不会再问他，那我们大家都学他好了。"同学们你一言，我一语，让老师不知如何是好，也为长期以来同学们的抱怨而有点不耐烦。

老师对小彦提出的问题已经过了三分钟，可他仍然杵在座位上不说话。教室里弥漫着不耐烦的气氛。

"不要再叫他啦，浪费时间。"

"对呀！老师，给他零分啊，他是不会回答问题的！"

"真笨，这么简单的问题也不会。"

老师真的忍受不了，嘈杂声已经把自己的上课节奏打乱了。对小彦的沉默不语，老师也是爱莫能助，不知道怎么办才好。

这回，趁着与家长沟通的机会，老师特意准备了整理得密密麻麻的问题，想要寻求小彦父母的解答。照着手稿上的内容，老师逐条念了出来。

一、上课问他，他都不说话。
二、他不回答，我也不知道他会不会。
三、同学和他说话，他不作声，认为他高傲，都不想和他做朋友。
四、他不说话，口试怎么办？
五、他不说话，我怎么计算成绩？
六、他不回答问题，同学们抱怨说："老师，这样做不公平，那我也不回答问题了。"
七、他不回答，让同学觉得他的态度很不好。
八、他不讲话，我怎么知道他心里面在想什么。

老师原本想要继续念下去，却发现似乎自己一次问的问题太多，后来干脆直接问家长："你们就直接告诉我吧，我该怎么做，他才愿意说话？"

但小彦的父母只能面面相觑，因为他们也不知道答案。

●▶▶ 意中心理师说"情障"：选择性缄默症

选择性缄默症孩子的核心问题在于，我们以为他会开口的情况下（例如在教室里），他却反而因焦虑而选择沉默。然而，在家里，这些孩子的说话能力并没有问题。

📖 情绪行为障碍的辅导与教养秘诀

别急着强迫孩子开口

面对选择性缄默的孩子，在帮助他们的过程中，彼此都很容易陷入焦虑的泥潭中。

我们很期待孩子开口，会有这种焦虑很自然，但越是着急，孩子越不说话，这种僵局会让彼此焦躁。

或许孩子也急，不知所措；或许他是安于现状，不说话让自己处于制高点，可以掌控全场的情况，但内心又焦虑不安。

有时，孩子的沉默让人看不到路途的终点。当孩子选择不说，他人也无可奈何。

我们很急，因为随着孩子的成长，他们的缄默显得越来越顽固。但是这种急迫很容易把孩子推进阴暗的黑洞里，在你想象他可能会说话的情况下，他却无法言语。我们都很着急，但我们都知道欲速则不达的道理，太过于急切、粗暴地对待，往往会坏了彼此的关系，而且很难推倒重来。

选择性缄默症患儿"被问话"的焦虑

若想要这种类型的孩子眼睛看着你，需要他对你产生强烈的信任感，并鼓起相当大的勇气。因此，面对这些孩子时，请不要催促他、强迫他开口回答你的问题。

有些孩子很怕被问，因为在被问的过程中，他一旦回答了第一个问题，心里往往就会想到你会不会问他第二个问题。如果你也真的问了第二个问题，他会想象第三个、第四个问题……想象着你会问个没完，干脆就不要回应你，免得继续被你问下去。

渐进式的引导

当老师希望孩子能开口时，**请优先提出孩子可能已经知道答案的问题**，如选择题、是非题来让孩子回答。在这个过程中，不能太着急。即使无论老师出哪种类型的题，孩子依旧缄默，还请你少安毋躁，暂时停止或减少询问，改为一对一式的交流方式。

安心的窗口

有些选择性缄默症孩子高度敏感，因此，在跟这些孩子说话时，老师的语气、语调要尽可能地温和，不要刺激孩子，以降低这类孩子对与老师互动产生的害怕和畏惧，甚至产生逃避的可能。

你可以进一步观察，孩子在学校里是否有让他比较愿意开口的老师，如果有，可以请那位老师做示范，并请那个老师经常与孩子交流，让孩子在安全、信任的情况下，逐渐愿意在学校里开口。

声音被听见了，也不会怎样

选择性缄默症孩子大多数情况下是不会发出声音的，当他偶尔发出声音时，建议家长试着把他的声音录下来，当然，最好事先要让孩子知道。

接着，在适当的时机，让老师和同学听到录下来的声音。同样，在让其他人听见之前，也要让这个孩子事先知道，以免让他惊慌失措。

在播放这些声音的过程中，选择性缄默症孩子很可能会焦虑、不自在，但也要让他知道，当自己的声音被别人听见时，也不会有什么问题发生，他原先过度放大的担心与忧虑，并不会像自己想象的那样发生。

朗读的契机

朗读，是孩子在说话之前最有可能的一个开口契机。在朗读的过程中，可以先多人在一起朗读，至少能让孩子有机会参与一些开口说话的活动。

我们不要要求孩子一定得大声，但是可以仔细地观察孩子的朗读方式，以此来决定共同朗读的人数，进而进行必要的调整。渐渐地，让孩子参与朗读的队伍人数越来越少，最后只剩下他自己进行朗读。

时间的等待

其实，我们都知道孩子是无法被强迫说话的。孩子需要我们静静地陪伴，我们也需要掩饰心中的焦虑。但无奈的是，焦虑总是逐渐暴露，让孩子识出破绽。

孩子也有压力。我们都在担心，孩子长大后进入社会，没有人会在乎他的缄默，如果现在就定型了，只会让孩子被囚禁在无声的世界里。

面对选择性缄默，要心平气和地等待，与其焦急催促，或许陪伴与等待能让孩子有机会开口说话。

等待，并非消极地无作为

等待，并非消极地无作为，而是在帮助孩子面对缄默，我们必须先保持冷静。因为我们的情绪会流动、传递给孩子，同时，他的情绪也会传染你。

你的平静、稳定，也能让孩子安心。

面对缄默，要获得开口的密钥，就要花更多的心思，需要时间。我们要先示范如何自如地面对眼前的困难，这将会让孩子了解我们的能力，了解我们是可以帮助他的。

要让孩子相信，如果他开口说话了，他的焦虑也会渐渐散去。要让缄默的声音破茧而出，我们就是孩子的坚强后盾。

选择性缄默的孩子依然可以在班上维持安静。但是，当老师上课时提出问题，这些孩子可以逐渐轻声地来响应，音量以老师能听清为原则。一开始的声音常如气音般微弱得让人无法听见，但请给孩子一些时间，你可以善意地回馈他，让他知道你接收到了他的响应。

请慢慢来。我们必须在心里有所准备，这可能是一个月、一学期、一年，甚至是一段漫长的等待。**请相信孩子能够开口，也让孩子相信他有机会可以开口。**让班上的同学们了解，每一个人都有自己的特质，并且尊重、友善地对待每一个人的特质。

别让家长孤军奋战
——团队分工合作，破解缄默铁壁

"我真的累了，我真的不知道，这回又要再去找谁？"

小雪妈妈对着闺密有气无力地说着。

"每个人都给了我许多宝贵的意见，每个人都告诉我，不能急，要慢慢等，但似乎又暗示我，现在小雪已经大了，再不积极处理，就怕让她开口说话越来越困难。我到底该怎么办？"

听着这些话，好朋友却只能拍拍她的肩膀，给她一个拥抱，也不知道该说些什么。

"这么多年过去了，我们已经做了好多努力，为什么小雪在学校还是没有办法开口？那些辅导、治疗和特教到底有没有作用？我们到底该怎么做？"

闺密只能静静地看着她，让她把积压在心里的话倾泻而出。

小雪妈妈感觉自己像是在孤军奋战,压力全部堆积到自己身上,一个人得面对不同人员。自己像是一个原点,被不同的人围在中间,还得在那些专业人员之间传达着不同的信息,进行沟通。她感到好累,这一切只是为了让孩子在学校开口说话。

但现实依然很残酷,无论自己怎么努力,小雪在学校里却还是一句话也不说。

"问题到底出在哪里?"

闺密隐约能够感受到,眼前的问题需要一群人共同合作,可是好像又少了什么:"我问你,在这个过程中,谁是负责的平台?听你说的感觉,你已经找了许多专业人士,也花了许多时间、精力在这上面,但中间似乎少了一个沟通的平台。我想,你需要的不是再去找谁,而是确认谁是这当中沟通的平台,让他从专业的角度帮助你进行整合,这样才容易看到成效,你也就不需要四处奔波了。"

这番话似乎道出了问题的核心。

小雪妈妈终于明白,原来自己一直在扮演着这个平台,却很难发力。闺密的提醒似乎给了她一个解套的机会,让她不再毫无头绪,一直在原地打转。

她很清楚,关于小雪的选择性缄默症,绝对不是某个人就能解决和处理的，而是需要分工合作的，整个工程是非常庞大的，且需要细致的工作，甚至是持久的。

只不过，这个平台到底应该由谁来负责呢？

●》意中心理师说"情障"：选择性缄默症

孩子在幼儿园阶段，安静、沉默、不说话，父母很容易认为这是小孩不适应环境的表现，或是个性内向、害羞造成的，不会那么担心，往往心里想着也许再过一段时间就适应了，自然而然就会说话了，就像在家里一样说得很自然且流畅。

但是，当孩子持续呈现缄默状态，特别是开始在人际、学习与生活中出现困难、产生困扰时，父母与老师才开始感到头痛了。

情绪行为障碍的辅导与教养秘诀

沟通平台的设定

在校园里，为了帮助选择性缄默症孩子，需要设定一个沟通的平台。这些年，在校园服务中，我便常负责团队中的沟通与协调。

一般来说，选择的平台主要是资源班老师或专业团队中的临床心理师。在这个团队里，每个人与选择性缄默孩子有不同的关系与互动模式存在。

这是一个又一个分工合作任务，一切都是为了让选择性缄默孩子能在学校里自在地开口说话。父母、老师、科任老师、资源班老师、辅导老师、临床心理师与同学，每个角色缺一不可。

虽然这类孩子心里想的和实际说的存在着一道鸿沟，不过**当事人寻求帮助的动机才是关键**。这个动机的力道很重要，往往也决定了孩子是否有机会破茧而出，打破缄默。

与强迫症孩子寻求改变的意愿相比，选择性缄默症的孩子在这方面就薄弱了许多。

导师的角色与任务

最艰巨的任务是让孩子上课时愿意自发性地开口，包括响应的内容、说话的音量大小与主动性。因此，在课堂上要听见孩子的声音，难度往往相对较大（当然，也有例外）。

我们可以放慢讲话的速度，多展现微笑，不要求他一定得马上回答问题，给他一些响应的时间，不要一直催促。若同一个问题问了两三次，孩子依然没有响应，就别再问下去。如果孩子的声音稍小，我们就不要提醒他大声。

老师就像是一支荧光笔，能让孩子的亮点被看见。可以先从说话以外的事情开始，凸显他的优势。营造一种氛围，让孩子擅长的能力（以非语言为主）在班上有充分发挥的机会。父母也可以主动提供孩子的优势清单，如在绘画或乐器演奏上的表现，让他的这些能力被同学看见。

资源班老师的角色与任务

如果孩子取得了特殊教育学生的身份，资源班老师除了学科补救之外（若孩子有这方面的需求），还可以通过减少或增加课程的方式，追踪孩子缄默与焦虑的情绪对学习与校园适应的影响。

掌握孩子的学习状况是否会反过来影响他上课与上学的意愿，以预防因课业落后而造成的压力，甚至带来拒学或惧学的问题，并且帮助老师、科任老师进行班级管理的调整。

有时可以通过团体的方式，引导选择性缄默症孩子与同学进行活动，并追踪、观察与了解当事人的社交能力、焦虑与自在表现、语言与非语言的压抑状况等（同学的角色与任务及帮助细节，请参考下一章节）。

辅导和心理师的角色与任务

辅导老师（专辅或兼辅老师）、心理咨询师、临床心理师，可以通过一对一的方式帮助孩子自我觉察缄默行为以及孩子在特定环境里（例如教室）开口说话的态度与想法（也就是面对自我缄默问题的病识感），以激发当事人想要打破缄默的意愿。

一般来说，选择性缄默孩子在一对一的辅导、咨询情况下，开口说话的意愿应该会优于在班级的表现（当然也会有例外）。

·说出心中的小剧场

选择性缄默症孩子的内心里总是有许多小剧场，这样的戏剧，通常来说，观众、导演和编剧就只有当事人一个。有时剧场内容没有对外公开，只是在孩子心里不断上演着一幕又一幕场景。

有些选择性缄默孩子不愿意面对自己不说话的问题。当孩子沉默不语时，建议改由大人主动帮他，将他内在的小剧场反映出来。

在这个小剧场的说明过程中，并不是要指责、纠正或批评孩子不说话的问题，而是要让孩子了解，是不是自己的一些认定导致一开口就进行不下去。

这些剧情，总是让自己处于焦虑、畏缩或害怕的状态。有时孩子不一定知道自己的这些心理活动代表什么意思，所以有必要由大人帮助孩子，让孩子学习自我观察，让他了解这些心理活动的内容。

让孩子发现，"原来大人可以解读我心里无人知晓的焦虑"，此时他会有一种被了解、呵护的温暖感。

当他感到"原来有人懂我、了解我"，就不会总是处在独面一切的状态中。

家长的角色与任务

父母的角色，主要在于日常生活中能够创造更多的让孩子与他人互动的机会，特别是锻炼孩子开口说话，比如在家负责接听电话、购物时让孩子去和服务人员沟通等。同时，在相对轻松的家庭环境中，帮助孩子表露对缄默的想法。

·内在自我对话练习

由于孩子在家里相对没有焦虑的问题存在，因此，父母可以在家中多针对孩子的缄默及焦虑进行对话练习。

让孩子有机会了解自己的身心特质以及面对、探索造成缄默的原因，同时，试着了解自己是否存有不合理的想法以及由此导致的逃避说话问题。

如果孩子面对辅导老师或心理师不愿开口讲话，我会将问孩子的问题交给家长，由父母在家里跟孩子进行练习对话。

以下列对话的内容，作为参考。

- 在家里愿意开口，在学校却不愿意说，你如何解释这种差异？
- 在学校时说话，发生了什么事情吗？你担心的是什么？你的这些担心真的发生了吗？为什么你就这么肯定这些事情就一定会发生？
- 对你来说，在学校里不说话这种情况，你打算持续到什么时候？
- 在什么情况下，你才会开口说话？

个别差异的细腻考虑

由于每一位选择性缄默症患儿的形成、所面临的状况以及孩子本身的异质性都不同，所以每个孩子所适用的方式，在不同阶段、不同情况下，也会有所不同。并不是某一种方式，正好适用所有选择性缄默症患儿。同样，不同的方式调整和改善的目标也不一样。

别让选择性缄默症患儿孤单
——帮助选择性缄默症孩子形成亲密的人际关系

"你们两个为什么总跟小渝在一起？她像个哑巴一样，什么话都不说，跟她在一起不会很无聊吗？"彤彤好奇地问小映和晴晴。

"你以为我们想这样吗？还不是老师要求我们这么做。"晴晴抱怨着，小映则一脸无辜的表情。

彤彤扑哧地笑了出来："为什么找你们两个？难道就因为你们是小学同学？也对啊，当时你们同班，不找你们找谁？"

"你还笑得出来？再笑，让你也加入我们的队伍！"晴晴委屈地说，"难道我们都不能有自己的时间吗？我觉得自己下课的权利狠狠被剥夺了，真是倒霉透顶。"

"如果她一直不说话，你们就一直陪她到中学啊？"彤彤刻意夸张地说，"你们两个陪她，我想导师会替你们记嘉奖，操行成绩也会高一些。"

"谁稀罕这些分数。哪需要靠这差事,我们的操行本来就可以拿满分了,你说是不是,小映?"

晴晴望着无奈的小映,继续吐苦水。

"陪在小渝旁边,我们也不知道要做什么。有时候我跟小映两个人只顾着说话,小渝在一旁什么也不说。这让我们真的不知所措,说也不是,不说也不是。我不说,她也根本不会说。如果都是我们在讲,她也没机会说。每次一到要陪小渝的时间,我们心里的压力就很大。我看以后在教室里,干脆也学小渝不说话好了。"

晴晴似乎也说出了小映心中的话。

●▶▶ 意中心理师说"情障":选择性缄默症

选择性缄默症孩子是很容易被误解的。当老师提出简单问题时,孩子选择不回答,老师的直觉是:"他连这个问题也不会?"当老师一问再问的时候,孩子依然不回答,就更容易被怀疑心智是否有问题,有些老师也可能误以为这孩子是在消极反抗。

其实,是我们误解了这群沉默的天使。

当孩子在教室里长期不说话，老师、同学们很容易怀疑他的智商有问题，是否上课听不懂，认为他不好相处、高傲，甚至认为他是自闭症儿童。有的老师干脆懒得再提问他，同学们也开始嘲讽他："问题这么简单都回答不上来，真的很笨！"

对选择性缄默症孩子来说，真的是百口莫辩，心里有许多疑惑，却无法说出口。

友善一点的老师常以为这个孩子的特质就是安静、害羞、内向。既然这是他的特质、个性，就不需要去改变他。更何况，在班级里，能够时刻保持安静的孩子对老师管理班级来说是有利的，因为老师往往为那些说个不停、动个不停的孩子伤透了脑筋。

选择性缄默症孩子就这么自然而然地被忽略了。

情绪行为障碍的辅导与教养秘诀

尊重每个人的焦虑反应

"感同身受"这个词说起来容易，做起来却很难。我们可以先请同学分享他们的经历，在哪些情况下容易感到焦虑，焦虑状态时是怎样的情形。

让同学们实际了解，每一个人对不同的事物都有容易焦虑的情况产生。有些同学上台会焦虑，有些同学被注视会焦虑，有些同学到陌生环境会焦虑，有些同学则是开口说话会焦虑，这些都是非常自然的事。

一般同学可能无法理解开口说话的困难到底在哪里。对大部分人来说，开口说话是再自然不过的事情，自然就容易认为别人也应该如此。

每个人都有自己独特的身心特质，我们不能要求别人也跟我们一样，能够自在地面对说话这件事。我们不能忽略的是，有些人存在着不为人知的焦虑反应。

同伴的严选

班上有选择性缄默症孩子，老师是否给他安排小伙伴、"小天使"，来帮助他在学校里形成人际圈？当家中孩子有选择性缄默症的困扰，父母也请提醒自己，适当地请老师来帮助安排友善的同伴是非常必要的。

选择性缄默症孩子在教室里，比较不容易对老师开口，但要跟其他同学说话，就相对容易些。因此，为选择性缄默症患儿安排友善的同伴（一般常以"小天使"称呼），是一项非常关键的任务。

为提升孩子在学校的适应能力，建议由班主任老师选择相对友善、能够接纳且有意愿与选择性缄默症孩子互动的同伴，最好是选择两到三个同学。通过友善的态度，让选择性缄默症孩子感到自在，以提升他在班级或者与同学互动时愿意开口的动机。

在同伴的选择上，优先考虑的是，要对选择性缄默症患儿友善，愿意主动接纳，或以前他们在活动中有交集的。与这些同学互动，选择性缄默症患儿会相对自在一些。

另外，要给选择性缄默症患儿创造开口说话的机会，同时，也让其他同学有机会了解到，眼前缄默的同学是有能力开口说话的——虽然他需要一些时间开口，说话的音量较小，说话的词句较为简短，甚至在开口说话之前，依然显得焦虑、不安和不自在，但他终究是开口了，这就是一大进步。

职前训练与在职训练

"小天使"的选择并非只选好同学，让他们互动，就能把问题解决了。我经常强调的是，当"小天使"选择出来之后，必须进行职前训练与在职训练。

职前训练的目的在于让"小天使"熟悉自己将帮助的同学的身心特质，事先了解互动过程中的一些细节和注意事项。当

"小天使"有疑惑时，可以第一时间向老师提出并寻求解答。

同伴选定之后，接着需要由资源班老师、辅导老师或临床心理师等人来帮助"小天使"与选择性缄默的孩子进行互动。

在说话内容上，可以以选择性缄默症患儿感兴趣、能够响应的内容为主。同时提醒"小天使"，当选择性缄默症患儿自然而然地说话时，要选择多倾听，并适时响应。初期的互动，以在安全范围内、能够远离其他同学的环境下进行为好，以降低选择性缄默症孩子过度将注意力聚焦在别人能够听见自己说话而显现出畏缩的情况。

同学们常常心里有疑问："我们要花多少时间陪他？"关于互动时间的安排，除了原班分组时安排同组之外，也可以在"部分"课余时间，让双方有互动机会。我在这里强调的是"部分"，而不是"每节"下课时间，毕竟其他同学还有自己的人际交往。

不要让"小天使"背负让选择性缄默同学开口的任务。他们所要做的，就是友善地陪伴，让选择性缄默症孩子感受到来自同学的接纳，进而感觉自在，才比较容易开口说话。

老师可以适时地了解"小天使"与选择性缄默同学的互动状态，以进一步掌握、调整他们的互动内容。

在下课期间，"小天使"可以主动约请选择性缄默同学，在安全的前提下离开教室，在校园里进行互动交流。距离教室越远，选择性缄默同学越自在。

让"小天使"知道，和选择性缄默同学聊天时，可以针对共同感兴趣的话题进行分享与讨论，这有助于强化选择性缄默同学开口说话的意愿。同时，提醒"小天使"要试着放慢说话的速度，留一些时间让缄默同学做反应，不催促他说话。

如果发现选择性缄默同学太过于依赖"小天使"，老师可以再增加新的"小天使"进来，每增加一人，对选择性缄默孩子都是一项挑战。

假使发现选择性缄默症同学主动寻找其他同学，原先的"小天使"们就可以暂时不去陪伴。这是好现象，意味着选择性缄默同学在人际互动上，已经逐渐跳脱舒适圈，并在扩展交际范围。

这站，沉默。下一站，开口？
——选择性缄默症患儿班级转换的注意事项

"我想，在毕业之前，我在学校里都不会再说话了。"小威突然这么说，语气很笃定。

"为什么？"妈妈吓了一跳，问他。

"我现在一讲话，班级气氛就变得很奇怪。同学们已经习惯我在班上不说话，如果我突然说了，反而会让他们觉得很奇怪。"

"怎么会奇怪？说话本来就是很自然的事情，你不说话反而才怪。你说话了，其实是变回自然啊。"

"反正我打算撑到毕业，等上了中学，我就一定会说话。"

"你怎么有把握进入中学就会开口说话？"

"因为那时候班上没有认识我的人，我可以重新开始，那时说话人家就不会觉得很怪。"

"那如果到时候又不说话怎么办?难道又来个连续三年不讲话?那我可受不了。"

面对妈妈的疑问,小威一时也说不出所以然来,但心里就是很笃定地认为,换到一个新环境,开口应该会容易一些的。

说真的,父母很着急。小学老师和同学们似乎不再期待小威开口说话,他们已经非常习惯他在教室里的安静,甚至就像不存在一样,只是个空壳。

小威也非常矛盾。其实静静地待在教室里,同学不来找,老师不来问,他自己也习惯了。只是心里总有些话想说,有些疑问想问,但自己就是开不了口。

在说与不说之间,小威终究还是选择了沉默,甚至做了小学阶段持续不说话直到毕业的打算。

▶▶ 意中心理师说"情障":选择性缄默症

有些孩子很容易设定"只要我在原来的校园不开口,在毕业之前,就不在这学校开口"。有些孩子会觉得,别人认为自己不会说话,而只要他一说话,别人就会觉得很奇怪,为了避免让别人觉得自己很奇怪，索性在这学校里就不开口了。

📖 情绪行为障碍的辅导与教养秘诀

没有把握的赌注

有些孩子会向父母表示："等到我转学了或者升上中学之后，我就会开口说话。"但在这当中，我们必须很谨慎地留意，到底是什么样的理由可以说服我们，让他转换到下一个环境就会开口？

对我来说这是没把握，或者应该说非常没把握的事。

这是一场赌注，没有人有把握。如果转换到下一个环境，孩子依然不开口，这时孩子的缄默问题将变得更加严重，因为不成功的经验一直在累积，最后可能导致他索性都不说话。

有些孩子可能期待转换一个新的环境，例如转学，或者小学毕业了进入中学，班上的同学换了一群不认识的孩子，自己或许就可以开口说话。但是，另外一个问题衍生出来：面对新环境、新成员，对孩子来说又是另一种需要心理调适的过程。

面对这种新的压力源，有些孩子不开口说话的问题再次出现。问题又来了：在新的环境，自己又开不了口，再度加深了孩子的失败经验，往往让孩子感受到极大的挫折。他又要开始担心，未来三年，自己是否又会像小学一样不开口说话。

选择性缄默症的改变需要长期工作以及细微的帮助，父母和老师的任何一个举动，都足以影响到这些敏感孩子对未来学习环境的适应。这也是影响到他们日后摆脱缄默，选择开口，或让开口说话的焦虑指数降低的关键。其中班级环境的改变，对选择性缄默症孩子来说存在着许多变量，不得不谨慎思考。

不建议转班

如果选择性缄默症孩子在原班的状况持续不理想，是否建议转班呢？

实际上，要求转班后就成功的例子非常少，无论普通生或各类型特殊学生都是如此。因为这牵扯到整个学校班级体系的复杂性和教师生态问题。（如果在这个班不说，在新换的班级就开口说话了，这其实反映出什么问题吧？）因此，对孩子要转班的要求，实际上并不建议。

转学为下下之策

有些家长考虑是否要让孩子转学，或者在小学升初中的时候离开原来学区的学校，而选择其他学校。然而，**转学及离开原来学区皆非必要，并不建议优先考虑。**

当孩子转学或升入中学时，不在原来的学校了，它的好处就是，周围都是新面孔，减少了原有同学对选择性缄默症的负面标签或固有印象（如果存在的话），少了新同学先入为主的观念，相对让自己开口说话的可能性提高了。

但是从缺点看，孩子必须重新适应新的同学，接受、适应新的班级、新的环境，挑战孩子的抗压性。

面对新同学，如果孩子还是持续保持缄默状态，这些负面经验长期累积，很容易加重原来的缄默状态。

面对新的年级转换，如从小学二年级升上三年级，或四年级升上五年级，或者重新编班，或从幼儿园大班到小学，从小学到初中，从初中到高中，这个过程是个很自然且必经的阶段，孩子不得不去面对（但是若为小型学校，一个年级只有一班的状况则除外）。

然而，无论是年级转换还是重新编班，仍然有许多可以事先预防和准备并可以给予选择性缄默症孩子积极帮助的地方。

转学的协调

对具备特殊教育学生身份（情绪行为障碍）的选择性缄默

症孩子，往往会通过每学期的IEP（个别化教育计划）会议，由相关老师、家长及专业团队等进行评定。

若孩子未取得特殊教育学生的身份，面对年级转换，必要时也可以通过辅导老师等行政人员协调二年级与三年级的班主任、四年级与五年级老师，在编班方面进行沟通，使得这些孩子在转换年级时能够尽快适应。

考虑新年级转换而重新编班时，如从二年级升到三年级、四年级升到五年级，若新班级有几位原来的同学，而其中有好朋友或相对友善的同学，会让选择性缄默症孩子更快地适应环境，焦虑指数也会降低。这群友善的同学扮演了情绪稳定的保护者角色。

不友善同伴的处理

另外一种状况是，当重新编班，结果班上（三年级、五年级）出现了几位先前（二年级、四年级）会排挤、欺负当事人的不友善同学，这时，我们就必须留意这些同学对选择性缄默症孩子的影响。

在班级里，要特别留意，是否有某一些学生经常对该孩子有嘲笑、欺负等不友善的举动。如果的确存在，需要采取与个别同学交谈的方式，让他们了解自己要为这些不友善的行为承担可能的责任与后果。

　　值得我们思考的是，面对这些不友善的同伴，先前我们是否努力并有效地处理这些关系，让这些欺负或霸凌的现象有所改善。

孩子有分离焦虑怎么办？
——依附关系的重新修复

"小俐妈妈，你赶快走，这里我们来处理就好了。"老师一脸无奈且不耐地催促着妈妈离开。

幼儿园的大门口，来往接送孩子上学的父母与小朋友们不时转头望着凄厉哭闹的小俐。这场戏每天在固定时间、固定地点上演。

"你比那个小朋友勇敢哦，上学都不哭，真棒，妈妈就喜欢你这样。"

"不要学那个小妹妹，你要乖一点，听老师的话，好好上课，知道吗？"

"这孩子真任性，一定是被父母宠坏了。"

大家议论纷纷的声音、芽芽老师催促离开的声音、小俐声嘶力竭的哭喊声，外加不耐等候、急着上班怕迟到的司机猛按喇叭的声音……让小俐妈妈顿时卡住了，不知道该如何是好。

"小俐妈妈，拜托你赶快离开好不好？再这样下去，我今天都不用上课了。"芽芽老师使尽全力猛抱着小俐，但也被孩子拳打脚踢，显得狼狈不堪。

"叭叭……叭叭……叭叭……"小俐爸爸催促着，小俐妈妈心一横，头也不回，没说再见便快速离开。

但问题也来了，当妈妈离开了幼儿园，小俐在教室里根本无法上课，不断哭闹，不断尖叫，不断喊着："我要找妈妈！我要回家！我要回家！"原本在教室里嘻嘻哈哈一起玩老鹰抓小鸡的小朋友也顿时没了兴趣，气氛立即变了样。

阿威问老师："芽芽老师，我妈妈呢？我妈妈去哪里了？"

小香也急得哭了出来："我想要回家，老师，我什么时候可以回家？"

珠珠不时拉扯着老师的衣服："老师，现在几点了？"

这让芽芽老师乱了阵脚，气急败坏地喊着："还不都是因为你，吵着要找妈妈，其他人也都受到了你的影响。这么想回家？要不我打电话叫你妈妈把你接回去好了。"

听到老师说要打电话叫妈妈，小俐的眼睛突然亮了起来："老师赶快打电话，妈妈什么时候来接我？"

芽芽老师双手掐腰，心想自己怎么做都不对："到底是怎么回事？为什么小俐这么不想待在幼儿园？我有那么可怕吗？还是我和小俐八字不合啊？"

"老师，我妈妈什么时候会来？"小俐拉着老师的衣角追问。

●›› 意中心理师说"情障"：分离焦虑症

分离焦虑症和依附关系的发展明显有所关联。依附关系，是指孩子最早与重要的人（例如妈妈、保姆、奶奶等主要照顾者）所建立的情感关系。

当孩子的依附关系发展得不顺利，很容易在主要照顾者离开视线后，处在一种认为没有安全感或者不信任的状态，而产生过度焦虑的情绪。

孩子会过度、不合理地担心、害怕、忧虑、恐惧主要照顾者受到伤害、发生意外，或 去不回来。这念头在孩子心里像涟漪一样不断地扩散、扩散再扩散。

这种因为分离所产生的害怕、恐惧、逃避分离的情形，在儿童、青少年的案例中，至少会持续四周。

情绪行为障碍的辅导与教养秘诀

察觉分离焦虑的出现

一般来说,孩子很容易在晚上睡前、早上出门前或抵达学校后,在知道要和主要照顾者分开的时候,出现分离焦虑,想要逃避或抗拒与照顾者分开。

课堂上,焦虑的呈现往往是不断地问:"妈妈呢?妈妈呢?老师,我的妈妈去了哪里?妈妈什么时候回来?妈妈会不会回来?现在几点了?老师要下课了吗?老师,我要找妈妈!我要回家!"

同时,孩子会不时地向外看,注意力完全聚焦在主要照顾者(如妈妈)的身上,并且分离焦虑会不断地扩大。

头过,身就过的概念

为了让孩子转移注意力,一早进学校之后,比较容易忘却和主要照顾者(如妈妈)分离的事实,有些老师会在一天课程刚开始时,安排一些吸引小朋友的课程活动,例如玩具分享、吹泡泡、溜滑梯等内容。

孩子能够适应第一节课之后,一直到放学前,能安心地待在学校。

如果老师愿意安排，这是很可行的方式。建议老师可以向家长了解：容易吸引孩子的活动内容是什么？以达到头过身就过的效果。

不过度强调

如果老师已经明确地告诉孩子"你在幼儿园上课，妈妈在家里做家事""妈妈现在去上班，下午四点钟会来接你"等信息，在课堂上就不要再过度强调"妈妈不在身旁""妈妈一定会回来""妈妈没事"等话题，以避免不断地让孩子的注意力窄化在"和妈妈分开"这件事情上而更加焦虑、担心及害怕。

改变陪伴的对象

分离焦虑的孩子，会事先想到和主要照顾者的分离。例如，当妈妈陪同到学校，沿路就会开始担心在抵达学校那一刹那，妈妈就得离开。

因此，我会建议改由其他的照顾者（例如爷爷、姥爷或爸爸）进行陪伴，以降低孩子的忧虑，改变上学的态度。

在日常生活中，适度地远离孩子的视线

孩子的主要照顾者、孩子的依附对象（比如妈妈），在日常生活中，要练习逐渐远离孩子的视线。

如果在家中有其他人陪伴的情况下，告诉正在玩耍的孩子："你和爸爸在家，妈妈现在出门去倒垃圾。"或者可以不时地在孩子面前走动，但要让他知道，你在阳台晾衣服、在浴室洗澡等。

在远离的过程中，让孩子感到安心，让孩子慢慢能够接受主要照顾者虽然不在身旁，但什么事情都不会发生的现实。

如何区分拒（惧）学和分离焦虑？

患有分离焦虑症的孩子很容易进一步发展为拒（惧）学的问题。然而，拒（惧）学的问题却不一定就是分离焦虑。

有些孩子平时对主要照顾者（例如妈妈）离开自己的视线，并没有明显的焦虑产生。当妈妈外出时，孩子依然可以安心地和其他人在一起。

然而，对在上学这件事情上明显地表现出抗拒或畏惧的孩子，在处理的方式上，建议还是按照拒（惧）学来处理。

可以回想一下，孩子在参与其他课程或者活动时，是否也

会出现分离焦虑？如果孩子去上跆拳道、游泳课、美术课等兴趣班时，和妈妈分开表现得很自然，去学校时却无法进入教室，这就需要思考拒（惧）学的可能性。

在生活中，是否出现重大事件？

当父母发现孩子疑似出现分离焦虑情绪时，可以回想，过去孩子是否曾出现类似的现象。

若长期以来，孩子在幼儿园、小学都没有类似的情况发生，近期却对分离一事显得特别敏感，建议厘清孩子在这段时间里是否经历了重大的压力事件而对分离过度敏感，如家人生病、受伤、车祸或过世、自己曾经走失或迷路等。

这时，处理的重点就是要找到孩子的压力源，帮助孩子查找原因，并进行调适，从而解决问题。

情非得已的强迫症
——感同身受高度焦虑与痛苦

班主任老师面无表情地走进辅导室,在狭小的空间里面,仁豪的父母拘谨地坐着,脸上显得无助,满是尴尬地望着老师说:"陈老师,真是很不好意思,还浪费你的时间来开会。"

"没关系,只是我不知道这次来能帮到什么。"

教学主任进来了,辅导老师等也陆续就座。

"感谢仁豪父母以及陈老师抽出时间来参加这个会议。今天的主要目的,就是让大家了解一下仁豪在班级、家里的一些表现以及孩子在是否患有强迫症方面的就医情形,并请大家讨论看看,在教学、辅导策略与家庭陪伴上,有哪些是大家可以帮助的。"

"主任,强迫症治疗是辅导、特教和医院的事情,我对这种疾病不太了解,也不知道能够帮他什么。"陈老师悻悻地说，"我只是很纳闷，哪有人写字时需要底下垫一把尺子，好让那些字的底线完全在一条直线上？这么工整到底是要干吗？我也没那么要求啊。那天考试时，仁豪忘了带尺子，竟然就愣在那里十几分钟没作答，最后拿起学生证垫在底下，我在想这孩子是不是要作弊，问他：'你在做什么？'他竟然说，要让字工整一点。你说这举动是不是很奇怪？"

老师觉得学生有"强迫症"和自己没有关系，真正令自己头痛的是班上那些不断干扰老师教学的同学。至于仁豪的表现，老师反而觉得这是他个人的问题。

辅导老师说："他会选择这么做，主要是无法容忍歪斜所带来的瑕疵、不完美。这些瑕疵是他给自己的定义，莫名其妙的定义，没有功能，却耗掉了许多时间与心力。当然，要维持每个字体水平线的基准，一般人很难理解与想象，真是不明白他是哪根筋不对劲，也很难想象在那种状态下，他是多么焦虑不安。"

辅导老师试着让大家明白，仁豪心里那一股不为人知的非理性想法，让与会人员能够更加了解仁豪因强迫思考和强迫行为而承受的痛苦与无奈。

"大家不容易发现的是仁豪在心理活动上，总是不断地重复进行计算、检查、核对、确认，计算、检查、核对、确认……对眼前的题目，一次又一次地不能做最后的确认。单单这件事情，就足以耗损他的许多心力。更不为大家所知道的是，他一次又一次地、不断地用肥皂、洗手液洗手，搓揉、清洗，再不断地搓揉、清洗，像个仪式般，反复再反复。"

妈妈听到这里，心疼得直流眼泪，但陈老师还是一副事不关己的模样："然后呢？我可以做什么？"

●≫ 意中心理师说"情障"：强迫症

强迫症的核心问题，主要是强迫思考与强迫行为。当事人很清楚强迫思考是不合理的，却很无奈，自己又没有办法压制、控制这类不合理的念头出现。

这种念头总是说来就来，不经过当事人的允许或授权，直接侵犯他的思考，使人处于无法招架、任由它摆布的状态。

不合理的强迫思考，往往会引发孩子极度的焦虑、高度的痛苦，产生极度困扰。为了缓和强迫思考所引起的焦虑，便会通过强迫行为来抵消不舒服的情绪。

然而，强迫行为虽然可以带来短暂的舒适感，却没有办法让他远离这些焦虑，孩子很清楚这些强迫行为是不合理的，同时又不能让别人发现。

在这种情况下，虽然暂时能让焦虑舒缓，但由于孩子把大部分的时间和精力聚焦在眼前不需要出现的重复行为上，会造成眼前要做的事情明显停摆。由于该做的事情没有做，焦虑又唤起强迫思考，开始了周而复始的折腾，长期下来的恶性循环令人疲惫不堪。

情绪行为障碍的辅导与教养秘诀

容易被忽略的高度痛苦

对老师而言，强迫症孩子不像多动症儿童或对立反抗性疾患孩子那样，会给班级造成明显的困扰。强迫症孩子并不想甚至不敢让其他人知道，也不晓得自己到底在想什么。

只不过强迫行为所造成的一些反复表现，例如在班上，孩子反复要求离开教室去走廊或者去洗手，或考试、写作业时，不断地擦掉重写……面对孩子对这些事情的过度要求，老师无法理解孩子心里到底在想什么，甚至感到不以为然。

患有强迫症的孩子很容易被误解，例如：

一、因为强迫行为，导致孩子在生活中，对眼前该做的事情不去做，拖延现象明显。大人认为他没把心思和努力放在该做的事情上，往往忽略了强迫思考以及强迫行为带给孩子的痛苦。

二、因为强迫行为，导致孩子在学习中，专注力受到影响，影响学业表现，但大人并不了解这些原因。

三、因强迫症导致孩子在日常生活及学习上的停摆，造成父母及老师不知该如何帮助孩子。

四、因为强迫思考及强迫行为，导致孩子产生高度焦虑与痛苦。

五、因为强迫思考及强迫行为，导致孩子在人际关系上有明显的困扰。

六、孩子所感到的高度焦虑和痛苦，周围人很难明显感受到。

七、强迫症患者很难自我表露内在的不合理的强迫思考，而经常处于一种压抑的状态。

八、面对强迫症，父母及老师注重的依然是孩子的表现是否符合自己的期待，而忽略了孩子的痛苦。

自我监测

患有强迫症的孩子很容易陷入"自己吓自己"的模式，在这种情况下，我们可以通过检视去看看这些念头是否存在一些错误的信息。

帮助孩子自我监测他的强迫思考出现的时间点，**帮助孩子去记录实时想法，把它写下来，我们就可以清楚地检视，到底是哪一个环节出了问题。**

黑白辩证与自我对话

写在白纸黑字上，让孩子有机会进行黑白辩证，通过自我对话的方式，了解自己其实可以慢慢掌控原先难以招架的强迫思考问题，自己有能力决定到底要如何思考，没有人可以强迫我们。

引导孩子通过扮演两个不同的角色，练习自我对话。如果以黑、白来分，黑色角色总是让自己处在焦虑不安的状态，白色角色则是以比较合理的方式，让自己面对、解释眼前的事物，而不至于一直受到黑色想法的影响，让自己感到极度不安。

给自己时间

让孩子知道，他可以允许自己有些时间好好练习如何与自己的强迫思考、强迫行为共处。

帮助孩子慢慢了解，他需要有时间做自我调适。每一次的自我调适，难免会产生不舒服的感觉，特别是当自己停下强迫行为的时候，焦虑很可能再次出现，而很容易又想要做出强迫行为。这样的无奈，在类似的儿童、青少年身上其实都会发生，不是自己的能力太弱，无法处理，而是真的需要一些时间。

残余的烦恼

其实强迫思考、强迫行为，还是会残余在当事人的脑海里。虽然残酷，但无所谓，人不可能完全没有任何瑕疵或困扰。在人的一生中，总会遇到一些小小的烦扰，只要这些困扰对生活不产生明显的妨碍，就先和它共处也没关系。

换位思考

你可能想问：面对眼前的强迫症孩子，我到底能做什么？

我明白，"试着接纳与理解孩子的状况"这句话说起来简单，做起来却很不容易。不过，如果对强迫症的概念有了基本认识，至少我们不至于责骂、指责、纠正孩子不按我们的想法来做事的行为。

也可以换位思考一下，试着让自己成为一个强迫症患者。

以下这段叙述，是用第一人称"我"来开头，大家可以试着朗读一下，让自己感同身受孩子面临的痛苦。

"我很想告诉各位，我并不是故意要这样的。我也没办法，但是又无可奈何。这些强迫行为的出现，让我非常痛苦。我的注意力受到这些强迫思考的干扰，导致我很容易分心，没有办法专注于眼前的事物。我的注意力一直聚焦在让我感到焦虑不安的细节上，这让我心跳不断加速，血压不断上升，呼吸和脉搏不断加快，心绪很容易混乱，我没有办法稳定下来。在这种情形下，如果要求我的表现符合你们的期待，其实真的是非常困难的。"

无人知晓的强迫思考
——让孩子坦然说出口

"妈妈,俊宏在浴室里那么久了,怎么还不出来?"姐姐按捺不住烦躁,因为俊宏已经在里面待了快两个小时了。

妈妈敲着浴室门,很纳闷地问:"俊宏,你在浴室里面到底干什么?"

妈妈不断敲门,敲门的声音中断了俊宏刚刚擦拭自己手臂的次数。

于是,他只能再一次在手臂上涂抹肥皂,重新擦拭,用清水冲洗后,再次涂抹肥皂,再重新擦拭,再用清水冲洗,如此反复……

这样一来,又耽误了时间,他一直占用浴室不出来,让急着洗澡的姐姐大为不满。

浴室外的家人无法理解俊宏心里的这种强迫念头。他觉得自己的心灵被沾染的污点像水墨般晕了开来，对自我的不合理要求非常严苛，无法容忍自己身上沾染丝毫污点。

当这些污点染在身上时，是多么令人难以忍受，他极度想要去除，于是涂抹肥皂，重新擦拭，用清水冲洗，重复又重复……

"你这个怪胎，到底要洗到什么时候？"姐姐用力敲着浴室门，发出砰砰砰的声响，扯着嗓门大声呵斥："你现在马上给我出来！"

我们无法想象，孩子能够洗到什么样的程度。

让家人觉得奇怪的也不只有洗手、洗澡这些事。妈妈注意到，每次上学前，俊宏都会花很多时间整理衣柜，或者整理当天所穿的衣服，不断地拉衣角，想要把衣服拉平整。

俊宏耗费了很多时间，重复在这些没有太多意义的事情上，导致即使上学时间到了，他也不能准时出门。

随着出门的时间越拖越长，俊宏的压力就越来越大，注意力又聚焦在衣服有没有弄整齐，衣角有没有拉好、拉直、拉平上，进而造成自己更加强烈的痛苦。

俊宏很清楚自己的想法不合理，不能让别人知道，也不需要让别人知道，因为实在很难和对方解释，对方也一定很难理解他的想法和做法，甚至不想了解他，不想自寻烦恼。

●》 意中心理师说"情障"：强迫症

强迫症患者的注意力逐渐弱化，让当事人非常辛苦，把注意力一直聚焦在那些非理性、不需要在意的细枝末节上，使自己一直处于焦虑不安的状态。

自己穷尽所有的心力在这个点上，没有功能地聚焦，重复再重复，实在情非得已，如同坠入深渊，令人无助又无奈。

这真的很痛苦，因为所有的心思都聚焦在这些细微琐事上，无法继续进行原本应该做的事，结果一直停滞不前，让自己持续暴露在事情未完成时的焦虑状态下。

情绪行为障碍的辅导与教养秘诀

思考孩子的压力事件

面对强迫症的孩子，首先要试着厘清孩子的压力源是什么。有时我们只看见他表面的强迫行为，却忽略了造成强迫思考的压力事件，很少去探求这行为背后到底在传达什么信息。

对有强迫症困扰的孩子来说，当压力事件超出自己承受的范围时，很容易诱发强迫思考与强迫行为。

例如，当压力源来自课业，我们可以思考，孩子的课业表现是因为能力、负荷量的关系，还是程度没有办法跟上？必要时，针对课业要求进行适度调整，减少不必要的压力，让孩子在学业上能够喘息。

有苦难言的无奈

这些年来，许多患有强迫症的儿童、青少年被转到辅导中心或相关医疗院所，往往因为孩子的表现与父母、老师的期待存在明显的落差。

特别是在课业上出现不专心的问题，同时在日常生活中，经常拖延、耗掉太多时间，比如有些孩子在刷牙、洗脸、洗澡、写作业上浪费许多时间，而真正该做的事情依然没有做。这是父母和老师最在乎、在意的事，反而忽略了孩子因强迫思考伴随而来的焦虑。然而，这也是最令当事人痛苦与烦恼的。不为人知的内心负担以及压力，正吞噬着孩子的内心，耗损他的能量。

我们是否知道，孩子的强迫思考已经折腾了他多少年？

你可能会懊恼并疑惑，为什么孩子不跟父母谈他的强迫思考？

最常遇到的情况是，面对孩子的强迫行为，我们常常不假思索就开始指责他、纠正他、批评他，总觉得他的所作所为都是故意的、不肯改过的。

但是当我们还没有搞清楚状况就开始数落，会逐渐拉开孩子与我们间的距离。因为他发现我们并不懂他，甚至根本不想了解他，无法去感受到他长期的痛苦。

我们必须想想：为什么孩子如此难开口，无法对别人说出自己的强迫思考？同时，如何让强迫症孩子愿意且坦然地跟我们谈他不为人知的强迫思考？

因为信任感，坦然对你说

强迫症当事人很难把自己的这种病症说出口，在无法说出的情况下，又让自己处于压抑的状态，更加痛苦难耐。

要让孩子有机会，甚至能够自在地对你坦白他内在的焦虑，其实要考虑彼此的关系。当彼此关系良好，孩子较容易开口告诉你。若他能适度地开口，多少可以舒缓心里积压许久的负面情绪。

如果真的希望孩子接受我们的帮助，首先要让他感受到，对他的困扰，我们愿意感同身受，并且愿意了解，这是最基本却也是最困难的一件事。

让孩子发现你的参与，有助于他缓解紧张的情绪。让孩子试着对你说出他的强迫思考，说出那些他认为非常丢人的事情。

当孩子愿意开口说，也反映出你们之间的信任感。这种信任感有助于孩子像剥洋葱一样，一层一层地在你的倾听、支持、理解和引导下，渐渐释放压力，慢慢将这些不合理的想法一一诉说出来。

生命经验的共鸣

每个人都有一些不为人知的生命经验，好好与孩子分享一下吧！让彼此之间产生共鸣，将有助于拉近与孩子的距离。

这种情况就像你手上的一本书里有折痕一样，有些人会感到短暂的不舒服，抱怨两三句就过去了。但如果你的思绪一直在折痕上绕圈圈，浑身不对劲，结果就不用看书了，因为所有心思都在那处折痕上。你不知道自己在干吗，耗费了许多时间在这上面。你很想把折痕弄平，却发现自己一次一次地耗费太多心思在那上面。

但你忘了思考：买了一本书，重点是在阅读书的内容，从书中获得知识、想法、解决问题的办法，或者娱乐休闲等。

书上的折痕对你来说，到底代表什么？对你的人生会产生什么样的改变吗？

我们把自己的注意力弱化了，放在微不足道的事物上，又不想让别人知道这些不合理的想法，害怕因此有损别人对我们的美好印象。

没错，许多大人也会如此。让孩子知道，我们大人也有脆弱的一面。

第三章

畏惧性疾患

当孩子出现社交恐惧症
——让社交更自由自在

曼曼觉得所有人都在看她。

在学校的餐厅里,她总是处于焦虑难耐的状态,如坐针毡,觉得每个人都在观察自己咀嚼食物的蠢模样,甚至会觉得她拿起筷子、夹起餐盘上的食物往嘴巴里放的动作都十分可笑,连喝汤都出奇大声,像猪在叫,让人想笑。

她过度聚焦于自己的一举一动,甚至觉得自己的滑稽吃相像被放大在电视墙上一样,让餐厅所有同学都看得一清二楚,还可以随时按暂停、截图键,上传到网络上,来嘲讽自己的蠢模样。

同学们陆续从面前走过,曼曼十分尴尬,觉得自己的坐姿会妨碍到对方,甚至觉得自己不应该在这里。她和大家格格不入,像是破坏了用餐气氛。

她总觉得不会有同学过来和她打招呼，跟她讲话。自己如果太专心用餐，同学一定会认为她不近人情，高傲冷漠，拒人于千里之外。

曼曼有好多次都忍住饥饿，不敢到学生餐厅吃饭。有时躲在校园的角落，拿着早上被压扁的面包果腹。但即使是这样的动作，也让她联想到同学们会认为她古怪，觉得她像松鼠一样躲起来，在森林里偷吃东西。

曼曼感到浑身极不舒服，害怕、恐惧，又担心回到教室后，同学们会以嘲讽的眼光看自己，就像在笑看落难的松鼠一样。

回到家里，她也很害怕去看社群网站的讨论和留言，害怕上面会有很多对自己的负面评价，如果那样，她绝对会承受不住的，甚至感到郁闷，整晚失眠，那就别想睡觉了。

●>> 意中心理师说"情障"：社交恐惧症

对社交恐惧症人群来说，当暴露在一种或多种要被检视、被看见的社交环境当中时，容易出现极度的焦虑或恐惧，例如跟别人互动、交谈、面对面或打招呼。

社交恐惧症的孩子经常会放大自己面对社交时的压力，做出不合理的解释，而让自己陷入莫名的焦虑、畏缩情绪。不合理的想法总是充斥在这些孩子心中，使他们在社交上裹足不前，动弹不得。

情绪行为障碍的辅导与教养秘诀

调整当事人的认知

社交恐惧症的患者很容易将所处的环境无限地放大、扩大，而让自己处在恐惧、畏惧的情形中。这些内容相对不合理，与事实也不符合。

在这个过程中，我们主要是帮助这些人重新调整对环境的认知，练习以比较合理的方式面对自己原先较不合理的认知，打破原先负面的设定。

而在这期间，需要不断地进行认知上的调整，列举能让这些人相信的证据，同时也把不合理的证据列出来。

例如，当同学们都在嬉笑的时候，自己如何去解读这种环境？把各种可能的原因详列下来，逐一进行讨论，把不合情理的部分直接删除。

转移注意力，让自己放松

让这类人练习将注意力聚焦于让自己舒服、自在的地方。比如，在用餐时，试着将注意力集中在菜肴的味道、颜色、形状、料理方式及餐盘的摆放位置等上面，只要是足以转移注意力的任何地方都可以。

复制成功的社交经验

孩子需要有成功的社交互动经验，胜过我们给他讲过多的道理。

如果学校老师愿意帮助社交恐惧症的孩子，可以先找到愿意与社交恐惧症孩子互动的同学，这一点非常关键。因为同学的友善具有决定性的因素，这决定这些孩子是否有信心来启动社交互动，关系到孩子是否能够感受到实际的友善互动关系，同时证明自己是有能力进行社交互动的。

让孩子能实际感受到：原来我做得到，原来我可以和周围的人进行互动。

我们可以试着找到社交恐惧症孩子在社交上可以改善的部分。例如，在与人互动时，眼神如何接触，如何进行话题，手势、动作等如何让自己更加自在。

强化孩子在社交互动上所拥有的能力，这一点，对社交恐惧症孩子来说是非常重要的部分。

模拟环境

由于社交环境相对复杂，因此，在日常生活中可以和孩子进行社交环境模拟练习，选择在实际生活里比较容易遇到的社交环境，试着进行演练和揣摩，在这个过程中，慢慢去掌握、了解环境以及对可能出现的状况进行调整。

同时，和孩子一起分析，哪些是令他感到尴尬的环境。比如说，当对方眼神直视自己的时候，自己会不知所措，或者当对方走向他时，不知道该如何应对。另外，还有对大家所讨论的事情，自己不了解时该如何回应。

练习掌控自己的焦虑

帮助社交恐惧症患者，要采取渐进的方式，系统降低过度敏感的做法，会让孩子改变原本害怕、恐惧的社交互动，逐渐找到能够让自己安心、自在的互动模式。

每一次与他人的互动过程，总会引起孩子心中的一些焦虑，这时，适度地帮助孩子做放松训练，使其焦虑程度逐渐降低，慢慢地练习掌控自己的焦虑情绪。

当孩子上台过度恐惧怎么办？
——解除孩子的过度联想

　　文硕整晚都无法入睡，不断地翻来覆去，两个眼睛瞪得大大的，虽然很疲倦，但是一点睡意也没有。

　　他下了床，不知所措地在房间里走来走去，搓揉着双手，在深夜里，他很明显地感受到心跳速度在加快。他念念有词："怎么办？怎么办？明天早上就要换我上台演讲了，这可怎么办？如果上场时说不出话、忘词了怎么办？如果底下的同学嘲笑我，或者被老师直接叫下台，那我不就糗大了？这可怎么办？我好希望明天重感冒或者肚子痛……"面对历史课的上台演讲，文硕已经足足焦虑、恐惧了两个多星期。

　　想到在台上可能会出现的状况，文硕满脑子想到的都是糟糕的窘状。各种可以想象的画面，在他的脑海里像高清晰画面一样，不时地播送着。

台下同学及老师的冷言冷语,像跑马灯般一遍又一遍地跑过。这些影像让他整个晚上喘不过气来,更何况第二天早上得上台演讲了,就得面对台下的听众。

别说上台演讲,想到自己要走进教室,他就觉得脚上像被绑上重重的铅块一样,根本无法抬起,也跨不进教室的门。

虽然明天要演讲的历史内容是自己最擅长的,他却大脑一片空白,甚至把相关的年代、人物完全混淆在一起了,根本无法思考。想到自己可能会语无伦次,他就觉得无法呼吸。

他知道明天是无法从床上离开了,要知道,从走出家门到踏进学校再到进入教室这一段路,是多么令人恐慌啊。他实在招架不住,更别说那令人恐惧的讲台了。

●》 意中心理师说"情障":上台恐惧症

适度的焦虑,可能会有助于孩子的表现,但过度焦虑,很容易破坏孩子的表现。焦虑的感觉像月晕一样,被孩子无限地放大、再放大,也让自己因接下来可能出现的难堪表现而畏惧。

社交恐惧症的孩子对即将出现的行为产生了不好的预期,同时担心他人对自己的负面评价,对上台分享经验、进行演讲等，容易诱发他的恐惧、焦虑及害怕，而出现令他想要逃避或过度忍受的状态。

情绪行为障碍的辅导与教养秘诀

厘清焦虑的主要原因

焦虑反映了当下我们正注意什么以及如何去解释这件事。试着先厘清孩子因为上台而焦虑的可能原因，例如同学的嬉笑反应、老师严肃的表情，担心自己说错话、害怕忘词、台风不够稳健以及表情、肢体、动作僵硬等。

跳脱负面的自我预言

有时，孩子会不断给自己负面暗示，反复地告诉自己可能说错、讲话音量太小、说的内容不尽完善、别人听不懂，或者无法回答别人的提问等。其实，这些负面自我暗示只会让孩子变得更容易不安，同时否定自己的能力，让自己变得消沉，使得表现大打折扣。

负面的自我预言先设定了自己的表现会很糟糕，因而注意力就很容易转移到"糟糕"这件事情上，无形中也影响了自己的表现。我们要陪伴孩子一起来审视自己，看看自己是否有这样的状况。

上台的安心技巧

家长和老师要引导孩子，在上台之后试着把目光聚焦在能够让自己感到安心、自在、友善的眼神上面，例如，平时和自己关系良好、友善或微笑看着自己的同学。

在说话的过程中，要讲求抑扬顿挫，不疾不徐，要在开口说出下一段话之前，先微笑地看着熟悉的同学，再把话说出来。

同时，通过适度走动来舒缓紧张，以预防因为处在原地不动造成身体僵硬而感到焦虑。通过有节奏、规律地走动，有助于缓和情绪。

要转移注意力，化解焦虑，可以引导孩子在手上握一支笔，这可让孩子的注意力放在手中的这支笔上，跳脱原本让自己不安的想象环境。

模拟预演

在上台之前,陪伴孩子模拟上台所需要讲的内容,在家里通过演练,将需要表达的内容说出来,也可以教孩子录像、录音,把自己讲话的过程录下来,与检视自己的说话方式,重新调整说话的语调、音量、表情、动作与语句等。

这么做的目的在于通过这些画面的反复呈现,在脑中不断地重复播放自己上台报告的景象。多了一些自己可以控制的画面,将对内心产生安定的作用,清楚地知道,对自己所要报告的内容、要说的话,已经充分准备好,并且掌握了。

当孩子患上惧学症怎么办？
——抽丝剥茧，找出恐惧的原因

"上学快迟到了，你到底要拖到什么时候？赶快穿衣服，我们要出门了！"

阿力听了妈妈的催促，却仍窝在被窝里，不为所动。

"我在跟你说话，你到底听没听见？"

"我就是不想去学校！"

"不想去学校？那你想要干吗？"眼看上班、上学都快迟到了，阿力却没有要出门的迹象，妈妈急得不知如何是好，"你看你请假多少天了？从开学到现在，你去上学才几天啊？为什么别人可以，你却一直做不到？"

"我不要管别人，我就是我，我就是不想去。"阿力把棉被拉得更紧。

"你现在马上起来！"妈妈用力把棉被一扯，阿力怒气冲天地往厨房冲去。

妈妈赶紧追上前去,只见阿力拿起一把水果刀。"你在干什么?"妈妈被这突如其来的状况吓到了。

阿力这种举动不是一次两次了,爸爸也曾强硬地要把阿力带去学校,但在生拉硬拽的情况下,导致阿力的手肘瘀青受伤。结果这让他更不想去学校了。

在父母的印象中,阿力平时不是这样的,是个很温和的孩子。但每回一提到上学,他就不断嚷着:"我会害怕,我会害怕,我不要去学校。"身体蜷缩着直发抖,还会冒出冷汗。

"学校就是学校,大白天的,你到底在怕什么?找那么多理由、借口干吗?难道只要说'我害怕',就不用去上学吗?"阿力爸爸对孩子说的"我会害怕"这件事情不以为然。

但是,因为工作关系,爸爸没有太多时间耗在这件事情上,所有的重担都落到了妈妈身上。妈妈也不知如何使力,自己也得上班,最后只能一再妥协。

由于阿力不断地表现出害怕、恐惧的情绪,妈妈只好请假,带孩子去看医生。然而,每回看门诊,医生总是说:"你要努力呀,你要想办法让他上学啊!长时间不上学怎么可以?你要好好说服他,实在不行也可以试试强迫的办法!"

"强迫?哪那么容易啊!"每回听到医生这么说,妈妈都会感到挫折,似乎孩子惧学都是她的责任,都是她的错。因为孩子请假在家，学校也不用进行任何帮助和管理，很多责任变成了家长需要承担的。

面对孩子惧学这件事，妈妈真的无能为力。阿力到底在害怕什么？学校对阿力来说，究竟是什么样的场所？妈妈满脑子谜团，等待有人来帮自己厘清。

●▶▶ 意中心理师说"情障"：惧学症

惧学症的形成有很多不同的因素，有些与孩子的分离焦虑有关，例如无法与照顾者分开而害怕上学，这部分可以参考前面章节的叙述。另外就是孩子对特定的环境，如学校会产生过度的害怕和恐惧。

只要是能够引发孩子过度反应的环境，像学校等，容易唤起当事人身心的过度反应，如呼吸急促、心跳加快、过度换气、盗冷汗等，同时，明显感受到害怕、恐惧与焦虑，想要回避类似环境，导致无法顺利上学。

情绪行为障碍的辅导与教养秘诀

厘清孩子恐惧上学的压力来源

首先,要进一步确认孩子是害怕进入学校,还是害怕进入教室。有些孩子愿意进入学校,待在操场等地,但就是不愿意进入班级教室。

这时,我们必须厘清,对孩子来说,班级是否为主要的压力来源。而这当中,是否存在老师的不当管教,或是同学之间的霸凌,或者孩子在课业上落后,与同学发生冲突等。当然,也有孩子会对学校环境产生莫名的恐惧。

试着让孩子说明让他害怕、恐惧的原因。与焦虑相比较,害怕与恐惧的感觉一般应该是很明确的,孩子应该说得出来是什么令他害怕、恐惧。

找出转折点

试着回想一下,从孩子原本愿意去学校到不愿意上学,这当中的转折点是什么。是否曾经发生过什么事情,造成孩子拒绝或惧怕到学校?

有些孩子是渐进式地不上学,有些孩子则是突然拒绝到学校。尤其是后者，找出特定的事件才是关键。

当学校存在这些恐惧的来源，如果没有进一步厘清或解决这些问题，家长却一味地要求孩子到学校上课，这很容易让孩子恐惧的情绪升到最高点。

试探不愿意上学的诱因

可以和孩子讨论一下，在什么情况下他愿意上学，这并不是在谈条件，而是在这个过程中试着找出可能存在的诱因是什么。

有些孩子会主动提及想转学，这时可以陪他进一步厘清：原来的学校与新学校之间，到底有什么不同。

留意"双重获得"，而更强化拒学

避免孩子因为惧学在家而有"双重获得"：一是解除了上学的压力源；二是留在家里可以做自己喜欢做的事。这样的双重获得，很容易让孩子日后更不想到学校去。

是否需要完成家庭作业

当孩子没去上学,学校的作业是否需要继续完成?这是值得探讨的部分。

有些孩子虽然没到学校,但依然会在家里准备功课,完成作业,或到补习班去补习。这时,可以先排除惧学是由于课业压力造成的。

但是孩子如果未上学而是留在家里,却不愿意做学校的功课,就需要进一步厘清,这其中的理由是什么,恐惧上学和完成课业之间,究竟是怎样的关系。

了解激烈行为背后的信息

我们必须思考要求孩子上学,他却出现激烈的反应,这时他想要传达的信息到底是什么,是情绪勒索?还是校园里存在着让他害怕、恐惧的事情?

有些孩子的压力来自他无法改变的事物,例如老师不合理的要求、考试答错的部分需要全部修正,否则就不准下课等,这会让孩子一直面临时间被剥夺,无法下课的状况。

渐进式地入班

当孩子明显害怕上学,但我们尚未找出问题的症结,这时先不急着马上要求孩子回到教室上课。但是请试着和孩子讨论采取"渐进式入班"的方式,例如到学校后,先待在辅导室或资源班,或先上某些课程,有些课程暂时不上。这个过程中,慢慢了解孩子真正恐惧的到底是哪些事情。

第四章

情感性疾患

当孩子心情变了
——忧郁的觉察与关注

小悦睡不着，不停地在床上翻来覆去，感觉好累，眼睛无神地瞪着天花板直到天亮，疲惫的身躯像泄了气的皮球，瘫软在床铺上，整个人昏沉沉的，浑身提不起劲儿。

清醒时，时而眼神空洞、茫然，对生活没有任何期待，自觉人生没什么意义，也没什么特别的感觉，时而无来由地浮起莫名的沮丧，就是想哭、掉眼泪，完全无法克制。

我像处在一个极深的黑洞里面，四周完全没有人可以理解我，我自己越陷越深，周围越来越暗，感到越来越无助。我完全没有动力可以挣脱，走出来。虽然你们不断告诉我应该这么做、应该那么做，但问题是，在这段时间里，我完全没有动力，像失去动力的飞机持续地往无尽深渊坠落。死亡，是唯一带来亮光的所在。

小悦心里不时浮上无人知晓的内在对话。

她最忌讳听到别人劝她"不要想太多",因为她根本无法控制自己到底要怎么想。她感到很沮丧、悲伤与难过,像湍急的河水恣意奔流着。

"我真的生病了。"

有些青少年会在父母的帮助下,主动到心理治疗机构寻求帮助。这是很令人欣慰的,这些孩子已经觉察到自己的情绪不对劲,明显感受到焦虑、忧郁已经威胁到自己的生活与学习。

在求诊过程中,是孩子主动向父母提起自己想要寻求心理医生的帮助,这一点是非常关键和重要的。因为孩子已经发现自身的问题,而且他们有足够的动机与勇气想要改变,想要摆脱痛苦。

当父母愿意支持孩子而帮助他就诊,陪伴孩子走出青春的焦虑与忧郁状态,这对孩子的支持系统来说,扮演了非常关键的稳定因素。

比较令人担心的是,有些父母不以为意,认为这只是孩子发牢骚、抱怨、寻求托词与借口,甚至认为"如果需要有人陪你说话,其实只要跟父母说就可以,不需要假借其他的专业来帮助。"

●▶▶ 意中心理师说"情障":忧郁症

儿童时期的忧郁很容易被忽略,主要在于它呈现的方式,和初高中的青春期表现不尽相同。

通常在儿童期,我们会发现有些孩子动不动就哭闹、尖叫,大发脾气。

随着年龄的增长,有些孩子明显存在着负面思考,对周围事物总是容易使用负面的方式解读,而这样的解释方式,往往容易引发自己的负面情绪。

有些孩子开始表现出对周围事物漠不关心的状态,对原本感兴趣的社团活动、休闲娱乐等,逐渐失去了兴趣。

晚上很难入睡,或是睡眠质量非常差,很容易就醒过来,无法再入睡,有些孩子的食欲会受到影响,可能出现食欲降低或暴饮暴食的情况。

在日常生活中,他们很容易犹豫不决,很难做决定,同时很容易出现注意力分散的现象,影响到在学校的学习表现。

容易动不动就掉眼泪,动不动就莫名其妙地哭泣。孩子很难告诉你,为什么他会感到如此伤心、难过和情绪沮丧?一切都来得快,但又不见得去得也快,使他陷入不知所措、无法动弹的状态。

有些孩子则出现自我伤害、自杀的意念。

情绪行为障碍的辅导与教养秘诀

忧郁的自然,与不能理所当然

每一个人都可能出现忧郁的情绪,这很自然。虽然这样的情绪很容易让自己处于痛苦之中,想要摆脱却又挥之不去,但每个人多少会忧郁,只不过这不等同于每个人都会陷入"忧郁症"这种疾病的状态。

当孩子患上了忧郁症,很容易在生活、学习、人际交往和感情上出现困难:成绩较以往明显下降,同时在人际关系上容易感受到被疏离甚至是排挤。这些都是一些无形的压力,连带着又会唤起孩子的忧郁情绪。

身边的人无法想象,为什么眼前这个好手好脚的孩子在那边无病呻吟地哀号,让周围的人看不下去,无法谅解。

先不谈感受,单单说"接纳"这层,周围的人若不具备相关知识，根本就无法了解患有忧郁症的人到底处在什么样的状态。

这是需要我们花时间学习感受的：当自己的身心也被困住时，在动弹不得的情况下，那种宛如窒息、无法呼吸的状态究竟是怎么回事。

先不要讲道理

在忧郁的情况下，孩子根本听不进任何人的劝告，甚至这些劝告只会更加深心情的沮丧，更加让当事人觉得自己无能，无法做到别人认为"那么容易就可以做到"的改变。

如果改变想法、改变解释事情的方式有那么容易，他们就不会陷入这种无尽的深渊而痛苦不堪。

我们必须思考，是否太过于将自己的想法强硬地套在孩子身上，造成孩子面对自己的改变时越显困难。

不要去要求孩子一定得按照大人的期待做改变。有些孩子的压力源总是来自父母对自己"一定""应该"要改变的期待。在这种情况下，我们告知孩子的道理越多，他就越容易增加负担。

要尽量减少批评、批判、指责、纠正和说理，以避免孩子因无法达成我们的期待、愿望与要求，认为自己"就是无法做到大人的标准"而更加贬低自己，放弃自己。

面对孩子的不合理想法，该如何是好？

你可能会反驳：孩子有很多想法不合理，是错误、扭曲的，如果现在不立即给他纠正回来，他就会往更加负面的方向去解释，心情不就越来越忧郁吗？

你说得没错，孩子解读信息时是扭曲、不合理的，但在这种情况下，深受忧郁症困扰的孩子，无法听进任何建议，尤其是如果我们没有让他感受到是站在他的立场，孩子不想对话的情况会更加明显。

"难道一句话都不用对他说吗？"你可能会发出这样的疑问。没错，若孩子没有主动询问，我们可以暂时先不说任何话，只要让孩子感受到我们在支持他、关心他就可以了，事实上，能够做到这样的程度就非常不容易了。

禁忌的回应

对陷入忧郁的孩子，我们尽可能避免出现一些不适当的对话，总是认为这孩子"想太多"，认为他"没事找事"，要求孩子"轻松一点""想开一些"，对他说"事情没有你想象的那么严重"。

我们说得轻而易举，却容易让这些孩子陷入更忧郁的困境。因为我们说得很容易，他却没有办法做到，反而让自己陷入不利的状态，更加有无力感、无能感，心情更加忧郁、沮丧。

想哭就哭，情绪别压抑

有些儿童、青少年很容易莫名其妙地就是想要哭泣，他们说不出所以然来，不知道到底是什么原因让自己突然间就想哭。

在这哭泣、掉眼泪的过程中，我们可以做的是：让孩子尽情地流泪。先不要要求他停止哭泣，或认为流泪与哭泣是不应该的事，先让孩子的情绪获得适度纾解。

当孩子的情绪莫名忧郁，往往会发现他足不出户，畏缩在房间里，什么事情都不想做，常常动弹不得而封闭了自己。

这时，请适度陪伴孩子出门走走，或陪伴他做一些平时感兴趣的事情，通过适度地转移注意力，让孩子的情绪获得缓解。

为什么孩子不愿对我说？
——留意开口的禁忌

"老公，怎么办？小琳还是什么都不讲，回家以后，房门就一直关着，只是一直听到她在里面哭泣。我不停敲门问她到底怎么了，但她就是一句也不回答，实在让我很担心。"先生一回到家，小琳妈妈就着急地对他说。

"你不是有房间的备用钥匙吗？"

"不行啊，她已经进入青春期了，我如果直接把门打开，她会觉得父母不尊重她，她会更生气的。"

"这孩子真是的，什么话也不说，我们怎么知道她在学校里到底发生什么事情？只会哭有什么用？我们又不会读心术，哪知道她心里面在想什么。"

这时，小琳把门打开走了出来，哭红的双眼有点肿胀。妈妈关心地问："小琳，你到底怎么了？"

小琳只简单地回答了一句："我没事。"就直接走进浴室，又关上了门。

"我看你就是有事，眼睛都哭成那样子了。有什么事情不能跟我们说说吗？这孩子真是的，从小就这样自闭。你不说，我们怎么会知道？"爸爸不耐地抱怨，妈妈不时搓揉双手，不知该如何是好。

小琳在浴室里大喊："你们不要再在外面说了好不好？不要再问我了！我不是已经告诉你们我没事了吗，干吗一直问我？"

"你怎么还生气呢？父母只是关心你而已啊！"

"关心？要是关心我的话，你们就闭嘴，不要再问东问西。你们越问，我的心情就越不好。"

"你这孩子怎么这么不懂事？父母关心你是非常自然的事情，我们不关心你，谁来关心你？你不说，我们哪知道你到底怎么了？"

"不要再说了！"一阵凄厉的叫声，顿时让父母一脸错愕。

●▶▶ 意中心理师说"情障":忧郁症

对患有忧郁症的儿童、青少年来说,身心非常无助以及无奈,总觉得没有人可以理解自己,甚至只要旁边有人说了一些话,特别是周围的人总是想改变自己,要求自己应该如何,反而形成另外一种负面的刺激,让当事人的情绪更加崩溃。

忧郁的孩子有时脑海中塞满了许多待解决却又很容易无解的负面思绪,而让自己动弹不得。

为什么孩子不想和我们说话?除了低落、忧郁的情绪让他处于闷闷不乐的状态,缺乏想要说话的动力外,有时孩子发现我们根本没听进去他所说的话,我们只是一味地反映自己想要说的,讲了许多道理,同时要求他得照本宣科地跟着做,也会使他忧郁。

情绪行为障碍的辅导与教养秘诀

先不要进行评断

面对孩子的忧郁症,我们难免担心自己是否会帮倒忙,徒增孩子的压力以及增加忧郁的症状。其实出现帮倒忙的状况主要来自我们和孩子说话的内容，或有些举动可能会造成反效果。

当我们不知该如何面对，会很急着想跟孩子解释，想要说服他，他这么讲、这么想是错误的，他不需要如此贬低自己，他应该以比较正面的角度看待自己。

想要帮助孩子的出发点没有错，不过在这种状态下，孩子需要的只是你的聆听、陪伴，**就是很单纯、很安静的陪伴，只要你在他身旁，愿意听他讲**。对孩子来说，倾诉、宣泄也是一种舒缓压力的方式。

面对忧郁症孩子的抱怨或负面思考，我们都太容易直接给予意见，急着想要告诉孩子他应该怎么做，他可以做什么，希望他按照我们的方式来做，认为这样就可以解决他情绪低落和忧郁的问题。

我们需要留意，有些孩子选择不说，有时来自我们没有耐心地听孩子把话说完，有时，我们尚未了解孩子真正的情况，就直接做出了评断。但我们似乎忽略了孩子的感受，他郁闷、低落、焦躁的感受。这只会让我们错过和孩子内心交流的机会。

这时，谈论这些很容易带来反效果，只会让孩子更加聚焦在自己没有能力、无法解决的问题上，而让自己陷入更深的困境当中。我们很想帮孩子，但有些事真的急不得。

孩子真的没事吗?

在亲子关系之中普遍存在着一些固定式的问话,例如:"今天在学校过得好不好?""今天在学校乖不乖?""今天在学校有没有发生什么事情?"父母的确表达出善意和主动关心,但我们忽略了在和孩子的对话过程中,我们只是不断地提出问题,一心想要孩子来回答,问的大多是很笼统的问题。当我们这么问时,很自然地,孩子就只好敷衍回答。

这也难怪父母常常会有以下疑问:"心理医生,我其实非常努力地想要和孩子沟通,但每次只要一问他,他就敷衍我,不是说'没事、很好',就干脆什么都不说。难道我的孩子真的没事吗?"

我们必须随时提醒自己,若只是不断地通过问孩子,希望了解他的所思所想,孩子在不断被追问的过程中,很容易产生反感、厌恶、抗拒,甚至是置之不理的情绪。

调整好自己的心情

有时忧郁症患者说出来的一些想法,可能会让身边的人产生焦虑,或感染负面的情绪,而让陪伴的人情绪也陷入低落。

面对孩子的忧郁症状,父母往往也不知所措,在不知如何是好的情况下，情绪很容易受影响，焦虑、烦躁、不耐烦、失落、郁闷等情绪随之而来，也很容易说出负面的话。

这时，我们真的需要先回来关照自己的情绪，调整好自己的情绪。如果真的想要帮助孩子，不需要说任何话，只要先静静地在旁边陪伴。

静静地聆听与陪伴

在校园里，在日常生活中，我们需要扮演"倾听者"的角色，让孩子的情绪、想法有适度舒缓的窗口，说出来会比压在心里好很多。试着想一想，我们最近一次倾听是什么时候？

患有忧郁症的孩子要的其实只是"陪伴"，是父母、老师以及同学静静地在旁边陪伴，甚至是只要听他倾诉，不见得一定要说出哪些话。孩子需要的是静静的、没有期待的陪伴，家长不要强迫孩子一定要如何思考、如何反应。我们给予的仅仅是陪伴就够了，让孩子的情绪得以舒缓，让他有机会跳脱忧郁的困境。

有时，我们只需要静静地待在他身旁，什么话也不说，让他感受你的存在，不需要说太多道理，或是希望他多努力、多看开一点，多往好的方向想。

先让自己练习倾听，让自己练习分享。相信父母的努力，孩子一定可以觉察到，而有那么一天，孩子会愿意主动和你说出心里话。

有时候对忧郁症孩子身边的人来说，也会存在一些压力，这种压力在于自己不知道该怎么办，总是担心自己的互动会给孩子带来更大的压力，或造成他的心情更加沮丧、低落，很怕自己说错话，害怕自己把事情办砸，无法胜任陪伴的角色。

其实，忧郁症患者需要感受到有人是关心他的，是能够了解他的，心里愿意相信他有机会摆脱情绪上的困扰。太多的道理，太多的话语，在此时都不是那么合适的。

不要觉得这些人在无病呻吟、无理取闹，要知道，忧郁症患者真的无法控制自己，忧郁症真的就是一种身体上的疾病，这是我们必须去了解和面对的，而不应该对其排挤或嘲讽。

要认真倾听，好好地听听当事人怎么说，先不要给予任何批判。

只要我们愿意倾听，对当事人来说就是一个非常有力的支持。

聆听孩子的诉苦，纵使你认为孩子所说的只是一连串理由、借口或搪塞，但这时，**请你静静地聆听，你的聆听会产生强而有力的作用。**

陪伴，非消极等待

你可能会抱怨，难道我们就只能这么消极地等待吗？

与其说这样做是消极的，倒不如说在不同的时间给予不同的帮助，对孩子来讲反而是最好的帮助。

孩子希望身边的人不要一直说教，那些话看似为孩子好的劝告，但事实上，就像一次又一次的重击一样，只会让他感到更加沉重与无能为力。

自我表露的示范

"为什么孩子回家，不愿意跟我们说话？"在演讲的过程中，我经常问这个问题，听众们总是面面相觑，一时不知道该如何回应。

我们需要思考的是：为什么孩子无法将他内心的想法说出来？为什么孩子有些话不愿意跟我们说？

我们不能理所当然地期待孩子会对我们开口。

这一点关系到亲子、师生之间的关系。以前，我们是否愿意自我表露，和孩子分享我们内心的一些想法？还是我们在和孩子交谈的过程中，总是不断地以询问的方式，要孩子把答案说出来？

关于这点，我常常发现事与愿违。当孩子在学校、日常生活中发生了一些事情，最后知道的人往往是最亲近的父母。我一直在想，孩子不愿意跟父母说，是否因为父母也缺乏主动和孩子分享、表露自己的生活、想法、情绪等的互动？

父母不说，孩子便没有机会看到父母的示范，进而效仿。久而久之，当孩子心里真的有事，就不知道该向谁说，不知道说什么，也不知道怎么说。

"那我们该怎么办？"父母一时也陷入了不知所措的状态。

先别再问了，自己练习主动与孩子分享，说说自己在日常生活或工作中的所思所想吧。但这只是分享，先别有进一步的要求与期待。孩子并不爱听道理，除非你把道理埋藏在你的故事里。

当父母说了、聊了自己的故事后，孩子会慢慢地发现，原来在这个家庭里，有些特殊话题也是可以聊的，这时，离孩子说出内心想法的时间就不远了。

当孩子常将错误归咎自己
——忧郁的自我否定

中小学生科技展初审名单出炉了,出乎意料的是,小淇这一组竟然落选了。

整个晚上小淇都待在房间里,不时地哭泣,且喃喃自语,妈妈一直在旁边安慰。

"一切都是因为我,才让我们这一组没有办法进入初审。都是我不好,我真的、真的非常差劲。其实,这一组根本不需要我,我根本什么都不行,什么都不是,就是多余的。早知道是这样,我就不加入了,害得这一组同学们辛辛苦苦努力了这么久也没被选上。原本他们是可以进入初审的,因为我的关系才没机会入选。回到班上,我怎么有脸见他们啊?"

"小淇,又不是只有你的错,你也知道比赛中能不能进入初审,要考察的因素很多,更何况你也尽力了。"妈妈试着安慰她。

"你不懂，都是因为我才这样的！只要我再努力一点，把数据整理得再完整一点，我们这一组就会有机会的。我就是能力不够，你不要再安慰我了。反正，我在这学校以后没有人会再找我了，谁和我一组，谁就倒霉。"

小淇激动地敲打着自己的头，妈妈赶紧握住她的手。小淇奋力摇晃着身体："你不要拉我，反正我就是个失败者，在这个世界上，根本不需要我的存在。"

眼看着小淇一直无法冷静下来，妈妈也按捺不住纷乱的情绪："你这孩子为什么总是批评自己？老是在钻牛角尖？这对你又没有好处。对自己好一点嘛，我不断跟你强调是小组的表现，不是你一个人的错，很多事情不是你可以决定的，你干吗把所有事情都归在自己身上？你怎么老是不听劝呢？更何况，评审是有他们评判的标准的。"

妈妈试着跟小淇讲道理，但是越说，小淇越听不进去……

●>> 意中心理师说"情障"：忧郁症

有些孩子的负面想法往往会从自身找原因，使自己陷入困扰，也就是将失误、失败及错误，归咎于自己。最常遇到的情形就是"如果当时我怎样，或许情形就不会是那样"。

倾向于从自身找原因的孩子，很容易将别人的一些事情扯到自己身上，并认为和自己有关。同时，很容易放大一些负面情绪，认为许多不好的结果都是因为自己造成的而产生愧疚感、罪恶感和道德感的负担。

这些不合理的想法，不时浮现在孩子的脑海中，特别是当儿童、青少年处于压力状态下，这样的念头很容易浮现出来，再度唤起复杂的负面情绪，而让自己无法脱困，动弹不得，使当下应该有的表现出了问题，导致心情更加低落、懊恼、沮丧，从而陷入忧郁的困境中。

但是，当孩子已经陷入忧郁症的状态时，他已经无法掌控自己的想法及感受，不知道该如何去应变。这个过程对孩子来讲，也是一种非常害怕、恐惧的状况。

因为自己如同陷入黑洞里面，不断地坠落，掉进无尽的深渊。

情绪行为障碍的辅导与教养秘诀

帮助孩子将想法记录下来

忧郁症的孩子可能会不断在你面前抱怨，自己多么像废物，多么多余，自己在这个世界上就像垃圾、空气一样，别人根本不在乎、不在意他的存在。

有时，孩子会自我贬低，认为自己是多余的，能力不足，很在乎别人的眼光，放大自己的负面表现，让自己陷在负面情绪中，苦不堪言。事后却发现原本所担心的事情，最后并没有发生。

当孩子陷入忧郁症的困扰时，他是没办法弄清楚自己的思绪的，甚至会自我否定，否认自己所拥有的一切。

为什么孩子需要试着把过往所有的事情记录下来？因为借由这些记录下来的文字，可以重新证明自己过去曾经拥有的事物。事实上，这些如今依旧存在，只是当事人在当下不愿意去看待或承认。

帮助孩子去厘清情况和问题，慢慢地让孩子以合理的方式做出解释，接纳自己存在的一些不完美状态，也让孩子了解自己已存在的能力，而不以偏概全地认为自己什么都做不好，什么目标都无法达成。

若我们一下子对孩子的负面想法、负面思考不知道该怎么办时，最好的做法是给孩子一些时间，让他好好地沉淀和消化一下，并寻求解套，引导忧郁症孩子以合理的方式看待自己。

你可以让孩子写下来，把他的负面思考、负面想法清楚地写下来。先写下来之后，你再慢慢地推敲当中到底是哪些事情给他带来极度的痛苦。

转换思考的练习

转换思考的方式是需要练习的，但是练习时间点上，不要选择孩子情绪很激动的状况下进行，因为此时孩子是没有办法往大脑中塞进任何意见的。

试着从孩子的说法当中，去了解他是如何思考、如何解读周围事物的。

对陷入负面思考的孩子，一时要让他改变想法，通过以比较合理的方式面对困境是有些困难的，毕竟他已经习惯用固定模式看待与解读周围的事物。因此，先不急着对孩子提出过多的要求，或强迫他一定得改变某个想法。

角色互换

我们不妨停下来思考为什么会有这样的差别，为什么我们对待自己跟对待朋友的方式不同？我们是否也把许多责任往自己头上揽，压得自己喘不过气来？

试着练习角色互换，由孩子来帮助我们解决所面对的困境。在这个过程中，孩子可能会回答你"我不知道答案""我不知道怎么做"，没关系的，请给孩子一些时间，不要急着让他解决我们提出的问题。但是，我们可以让他了解，换个立场想想，或许答案会不一样。

重新看见自己所擅长的事物

让忧郁的孩子试着重新找到生活目标以及试着让他看见自己所擅长的事情，让孩子重新燃起生活的动力。

让孩子重新找到日常生活中的"意义"，也让他知道这个"意义"并没有标准答案，没有谁能决定这些"意义"该如何陈述，只要对自己来说拥有意义就可以了。

破解"一定得如何"的魔咒

有时，孩子会告诉你："我一定得如何……""我应该要如何……"这时，我们可以试着练习，把这些"一定""应该"删除。

删除它们，做了调整之后，你会感到轻松一点，对自己也会比较宽容，而不会把自己压得喘不过气来。

修正一下说法，将"我们一定得了解他"中的"一定"删除，调整成"我们要了解他""我们试着了解他"，或"我们尽己所能地去了解他"。

改变说话的方式，其实也是在改变我们的思考，改变我们解读事物的方式。

善待自己，会让自己好过一些，比较好处理情绪。

不急着要求孩子马上改变

建议不要勉强孩子在短时间内一定得做出改变，多给孩子一点时间，让他随着时间而进行调适，慢慢地在有人陪伴、支持与帮助的情况下，调整与处理自己的情绪状态。

当孩子觉得要做出一个很大的改变时，反而会更缺乏动力，同时对改变产生负担、压力以及害怕、恐惧时，更容易让孩子裹足不前、畏缩及逃避，甚至会认为自己根本无法实现改变而更加忧郁。

那么，就不要强迫孩子"忧郁症要赶快好起来"，有些孩子因为受忧郁症所困，面对周围的事物，就是无法动起来，心情更沉重。

当孩子出现自我伤害
——存在与消失之间的生命选择

之一

教室里一阵骚动,小艾拿美工刀往自己的左手腕割了下去,顿时鲜血直流。周围的同学们发出尖叫,现场一片混乱。

小妍上前制止,但是小艾激动地又往自己的手腕上划了下去,一刀一刀的,同时伴随着同学们一阵又一阵的尖叫。

"赶快去叫老师!"小妍大叫。坐在教室边上的小羽赶紧跑出教室,去老师办公室求救。

小艾激动得双手抖动,小妍按住她的伤口:"赶快,谁身上有手帕、卫生纸?赶快拿来。"

"又来了,烦不烦啊?每次都来这一套!""要割要划随她好了,为什么要阻止她?每次都是这样,闲着没事伤害自己,有本事就用别的方式啊!""我割故我在,难道这就是刷存在感?""人不轻狂枉少年,要割就让她割吧!不要阻止她啦!"有几个男同学不以为然地说着风凉话,你一言我一语的。

"你们这些臭男生,在旁边说什么说?赶紧闭嘴!"小妍激动地咆哮起来,男同学们顿时安静下来。

趁小妍不注意,小艾又朝自己的手腕重重地割了下去。

这不是小艾第一次伤害自己。

有一天晚上,她第一次拿美工刀往自己的手腕上划下去,那一次的刺痛,让她缩了手。

第二次、第三次,再用力划下去的时候,她的尖叫声引起门外妈妈的注意,并用力推开了门。

眼前的女儿手上鲜血汩汩地流着,让妈妈惊吓不已,立即抓起卫生纸帮女儿止住血。这是小艾第一次感受到自己被呵护。

小艾深深明白,在家里,并没有办法获得父母的关注,他们的目光总是落在弟弟身上,自己就像占着空间的纸箱,在这个家里没有实际意义。

她觉得自己像是塞满了不必要、过期的东西,从来不觉得在这个家里有什么重要性或意义,连自己到底算不算家里的一分子她都非常怀疑。

然而，自从那一次她用刀子划伤手腕之后，关系似乎开始改变了。

此后，她不时就对着自己的手腕一刀一刀地划下去。望着手上的割痕，她是在渴求：如果可以，请多看看我。

小艾虽然在自我伤害，但是她从来没有想过要死。

她很清楚自己做这件事情背后的理由是什么，她只要一丝丝的关注，纵使身上会疼，她也会感觉暖暖的。

之二

她一跃而下，这次终于结束了生命。

对身旁的人来说，这一跃，不是第一次，但可以确定是她的最后一次。

有时，家人与她不经意地目光交会，从眼神中可以看到她的茫然与迷惑。

在学校，每回与老师、同学擦身而过，彼此都只是礼貌性地眼神注视，微笑，点头。

大家多少知道与这女孩的互动不能给予太多刺激，因为任何一句话，都会扰动她那不安的灵魂。

这一次，女孩纵身而下，年轻的生命就此画上句点，是一种了结，是一种解脱，或是在那时，某种因素驱动了她必须死亡的信念。

●▷▷ 意中心理师说"情障"：忧郁症

自我伤害不全是忧郁症，然而，在忧郁症的儿童、青少年身上很容易发现，这些孩子时常浮现死亡的念头。有些孩子只是会有一些这种意念出现，有些则是有一些自我伤害的行为，有些却已拟定具体的自杀计划。

我经常在想，一个孩子选择以自杀的方式来结束自己的生命，在那时、在那之前，他心里到底在想什么？他到底遭遇了什么样无法解决的生命难题？他周围的人为什么没有察觉到这个孩子的痛苦？

一个生命的自我了结，对当事人来说，到底存在着什么样的意义？我想，真的只有当事人才能了解，或许永远也没有答案。

结束自己的生命到底难不难？也许在那关键的零点零一秒，因为一个念头，就此形成定论。

每个人在成长的过程中，多少都会有那么几次不想继续活下去的念头，但为什么有些人就是想不开？而有些人会重新来认识眼前的事物？

情绪行为障碍的辅导与教养秘诀

避免二度伤害

孩子出现自我伤害行为时，家长在处理过程中，有时还没搞清楚到底是什么原因，就出现强烈的情绪反弹，甚至责骂孩子、限制孩子的行动，而使得亲子之间发生更严重的冲突，问题更加恶化。

试着站在孩子的立场思考，当他出现自我伤害的行为，他的内心里到底想要表达什么？或许他自己也不知所措，他也不知道为什么要做出自我伤害的行为。

有时，自我伤害所带来的疼痛反而让当事人感受到存在。生理上的痛苦，对有些孩子来说都是小事，情绪上的痛苦才更难熬，而这是周围的人无法了解的。

留意不同的自我伤害方式

面对孩子的自我伤害，首先基于安全的原则，至少别让他继续出现伤害自己的行为,以"**能够减少不必要的刺激**"为主要原则。

每个孩子的自我伤害行为类型不尽相同,我们试着从分辨伤害的程度来思考,例如从最轻微的到最致命的,程度的不同,决定了不同的指导方式。

在初高中生中常遇到拿美工刀割腕、划手的问题,如果这些行为是发生在教室里,行为本身的致命性相对较低,因为出现的地点是人数众多的地方,相对较为安全。

需特别注意的是比较危险的举动,像是上吊或跳楼,因为这两者往往会造成当事人出现立即性的危险。当自我伤害成功,很容易立即造成当事人的死亡。

要特别留意的是,有些孩子会选择烧炭的方式结束自己的生命。烧炭是要经过深思熟虑的,也就是说,这些孩子想死的意愿非常强烈。第一次没有成功,经过一段时间后,当他想要再进行自我伤害时的成功率就会非常高。

对选择跳楼的孩子,可以观察到他们会特别注意四周高楼大厦的部分,因此也必须非常谨慎,时刻留意这些孩子是否常常逗留在高楼附近。同时,留意他是否总是一个人,呈现独处的状态。

面对孩子的自我伤害,父母往往会陷入不知所措的状态,在自己不知该如何是好的情况下,很容易对孩子产生过激的情绪，甚至是指责，但这只会让问题恶化。

此时，我们需要优先处理的是当事人的情绪，而不是探究其中的理由。适度的陪伴有助于当事人平稳度过这些危险阶段。

此外，要关注出现自我伤害行为的孩子到底是如何思考的。是冲动，还是有些问题和困扰没有找到合适的解释？是否已经没有任何活下来的意愿？这些行为是否只是想要寻求他人的注意？或是通过这样的行为，来宣示自己的立场？

留意想死的丝丝信息

想死的念头不断在孩子心里出现，但周围的人只是不断告诉他："想开一点，如果你这样做了，就太不负责任了。如果你一走了之，你有没有想过会给身旁的人带来多少痛苦？一定有其他解决问题的方法的。"

孩子当然知道这些，但问题是，在那时他根本就没有其他选择。唯一的解决方式就是让自己离开这个世界，离开这个痛苦深渊，而不会再给周围的人带来麻烦。

许多孩子在成长过程中并没有被引导过该如何适当地表达情绪。当孩子找不到问题出口，自我伤害或许成了唯一的一条出路。

有些孩子可能浮现过自杀、不想活了的念头，这个念头的出现往往是一刹那的事，如果缺乏家人、朋友的陪伴，缺少可以倾诉的对象或沟通的窗口，在这种时刻，当事人很容易陷入危险的处境。

躁症与郁症的交错
——躁郁症,需要多一些了解

阿维已经好多个晚上处于极度亢奋的状态,没办法睡着。

他狂发了好多无用信息,翻箱倒柜抽出许多杂物,堆满地板。

为了避免孩子疯狂地下单购物,父母干脆暂停了阿维的信用卡副卡。但他改为货到付款的方式,三天两头就有一箱一箱的包裹送到家里,让父母不胜其扰,除了退货,还是退货,这么做却激怒了阿维。

在班上,阿维前一晚的举动让同学们议论纷纷。下课时间,大伙围聚在一起,拿出手机交流着昨天收到的信息。

"你也收到那一堆信息了吗?都是阿维发的。"

"对呀,昨天我在LINE群组收到了。"

"我还以为发生了什么事情,是LINE中毒还是什么?"

"不只是你,我的LINE上面也是这样子啊!他都不用睡觉是不是?"

"对啊,早知道就把他删除了。"

"你不要删除,导师说过,这会刺激阿维,小心他的病再发作啊!"

"真是莫名其妙。"

同学们像在讨论重要时事,对话一句接一句。

"听说他连续两三个星期晚上都不睡觉了,难怪他的黑眼圈这么重。"

"但我看他精神好得很啊!你不觉得他很亢奋吗?"

"他常常在走廊上遇到同学就高谈阔论,像在发表竞选演说一样,讲一大堆关于未来的目标,强调他的看法有多独特,也不管周围的人听不听。我看他真的是疯了。"

"你说话小心一点,让他听见这些话,搞不好他又会做出什么疯狂的事。"

"真是的,跟这种同学同班,心理压力太大了。"

"但你没看他上个月又是另外一副模样?整天垂头丧气、闷闷不乐的,常常莫名地泪流满面,像是失了魂一般,对许多事情完全没有兴趣。"

"对啊,我当时还很担心,他会不会突然想不开去自杀。"

"哎呀,世事难料啊,谁知道呢?"

"我听说阿维患有躁郁症。"

"躁郁症?那是什么?能不能好啊?"

"我哪儿知道。你问我,我问谁呀?我又没有得过,反正他看起来就是有病啊!"

这时,阿维满脸笑意地走过来,大伙迅速让开,挪了一条道路让他通过。很明显地,阿维就像瘟神一样,大家避之唯恐不及,没有人敢靠近他,也没有人想靠近他。

原本热烈的话题就此打住,大伙儿生怕刺激到阿维,或者说过度地打击阿维。

●▶▶ 意中心理师说"情障":躁郁症

躁郁症患者会面临躁症、郁症的反复发作,这是双向性情感疾患。

当躁症发作时,当事人很容易处于一种情绪高涨、过度愉悦、思考飞跃、话说个不停的状态,情绪亢奋,睡眠需求降低,常做出一些让周围的人无法想象的举动,例如狂打电话、发短信,不断地翻箱倒柜,疯狂购物,不断地上网下载不需要的App等，往往缺乏病识感。

郁症的表现，如同前面章节谈到的对忧郁症的描述，例如忧郁、低落的情绪，对周围生活事物失去兴趣与关注，体重、食欲以及睡眠明显改变，专注力降低，充满无价值感以及经常想到死亡、自我伤害，有自杀意念或具体的自杀举动等。

📖 情绪行为障碍的辅导与教养秘诀

优先考虑安全

每个孩子躁症发作内容不尽相同，特别要留意危险性，请优先注意安全问题，尤其要注意孩子是否处在危险的状态，避免让孩子独处而危害到他的安全。

减少过度刺激

在处理的过程中，以不刺激当事人为原则，在旁静静地陪伴，同时留意安全状态。待他情绪缓和之后，再考虑让他远离所处的环境，或转移到让他的情绪能够舒缓的地方。

不要过度刺激他，例如言语上的刺激，回避不良环境，特别是鼓噪的教室里，以及对当事人的负面批评等。同时，要留意孩子在社交网站上的留言，避免孩子接触过于纷乱、刺激的讨论。

有些孩子在躁症发作的时候，意念飞跃速度很快，没有办法冷静下来进行理性的思考。太多的言语刺激容易让当事人处于混乱的状态。

在日常生活中以及在校园里，孩子需要有一个稳定、平和、无噪声干扰的环境，以让他高涨的情绪慢慢沉淀下来。

从影像里认识躁郁症

在李察·吉尔主演的关于躁郁症的电影《伴我情深》里，男主角琼斯原本在音乐厅里欣赏演奏会，却突然往舞台上走去，边指挥，边哼着乐曲《快乐颂》。

躁症发作的时候，在音乐厅里，他把自己当成指挥，一步一步往台上走去，那突兀而不符合实际的举动，令所有人一脸错愕。

躁症发作期间，琼斯爬到屋顶上，站在施工中的悬空大木板上，抬头望着天空，飞机从身旁飞过，他展开双臂，如同鸟一般，那个画面令人感到惊恐，生怕他一跃而下。幸好他被身旁的工人拉住了，否则无法想象会有什么意外发生，或许生命就那样结束了。

在电影《一念无明》里，余文乐饰演的"阿东"参加朋友的婚宴，在没有被邀请的情况下，自己站到台上致辞，讲了许多让新郎、新娘及宾客深感错愕的话。

这些突兀的举动，往往使当事人事后感到非常难堪，特别是从躁症转换到忧郁时的状态，会让当事人出现明显沮丧、严重低落的情绪。

当琼斯陷入忧郁状态时，整个人都失魂落魄的，像是失去了灵魂一样，眼神空洞，面无表情，神情落寞。他茫然地矗立在街头，不知所措，不知何去何从，甚至整个人出现大崩溃。

电影《一念无明》里的男主角阿东，在陷入极度沮丧、憔悴、落寞、绝望与濒临崩溃时，在回家的路上走着，突然走进一家超市，对着货架上满满的士力架巧克力，一条又一条地往嘴里塞，呈现出非常痛苦的状态。

美国电影《郁见真爱》是由真人真事改编的，描述男孩在成长阶段面临躁郁症发病时的故事。

在电影里，我们可以感受到孩子整个情绪的突然变化，像是面临海啸般无预警地疯狂起伏，连孩子自己也措手不及。

而对他的父母、兄弟和老师、同学来说，这是一项前所未有的威胁，他们不知道如何与当事人相处。

在剧中，描述了躁郁症孩子的就诊经验以及过程，包括面对诊断的疑虑、关于药物治疗的看法、学校安置的变化以及孩子时好时坏的情绪状态,其家人对疾病的接纳、面对、处理等。

同时也让我们感受到,孩子在面对生命中这场大风暴时,如何尝试调适以及与疾病和平相处,以降低对生命的破坏性威胁、不可逆危害的可能。

《郁见真爱》这部影片让我们感受到许多真实家庭中不为人知的痛苦以及当事人如何面对躁症、郁症反复发作,对自己身、心、灵的伤害。在陪伴孩子面对疾病的过程中,完整的治疗支持系统以及家人之间的关爱是关键性的影响。

第五章

精神性疾患

思觉失调症：妄想与幻觉的联手合奏
——不得不面对的残酷现实

"怎么可能？怎么可能？志坚怎么可能得这种病？他以前的成绩可是班级前三名，在老师的印象中就是标准的好学生，而且人际关系非常好，性格活泼开朗，还是社团干部，怎么可能会得这种病？"

说起儿子，志坚的父母难以置信，但眼前的孩子时而沉默，时而自言自语，语无伦次，莫名地傻笑，或情绪突然高昂起来。他们无法相信孩子竟会突然间变成这样。

爷爷奶奶迷信地说："这一定是碰见'脏东西'了。"奶奶甚至去庙里求神问卦，得到的答案是，这孩子需要选个良辰吉时祭一祭。

高学历、社会经验丰富的父母，过去常对这些怪力乱神现象嗤之以鼻，如今却也相信起来，求助了许多的民间疗法，尝试着各种方式，想要了解志坚这孩子到底是怎么了。

过去，志坚并没有相关的辅导纪录，因此当他出现一些异于以往的症状时，周围人是很难理解，甚至是不愿接受的。

"他和我们以前认识的那个人完全不一样。"这句话，在大家口中不断出现。然而很现实的是，志坚现在就是变得不一样了。

眼前的孩子变样了，他已经不再是过去父母心目中那个优秀、对未来充满希望和朝气、热情的志坚了。不只是他父母，连学校的老师和同学们都不敢相信，为什么他会变成这样。

"我想他一定有心事，一定是最近在感情、学业或人际关系上遇到了压力。我想，过段时间应该就会好了。先休息一段时间，向学校请一阵假。"父母总是想要说服自己，极力否认志坚心理生病了。

学校也倾向于让孩子回家休息，同时希望家长带志坚到医院就医。辅导室的老师们还是希望能够了解志坚到底怎么了，虽然他们心里面已经有谱，只是不敢向他的父母明说，一切等医生诊断才能确定。

"我的孩子不可能是那样的，你们一定是误会了，真的弄错了。"志坚的父母始终否认。

只是，无论他们多么不愿意承认，医院换过一家又一家，得到的结论都是相似的：志坚被诊断患有思觉失调症。这是一个对志坚父母非常陌生也是无法接受的名词。

●▶▶ 意中心理师说"情障":思觉失调症

思觉失调症的多发年龄主要是青少年晚期与成年初期,在小学阶段很少见,中学时会有一些案例出现。一般来说,高中、高职与大专院校阶段,有些同学会开始出现异样。

在发病之前,当事人的整体表现大多正常、自然。

思觉失调症发病时,当事人会出现"正性症状",多表现在妄想以及幻觉上,特别是幻听、解构的语言与混乱的思考和怪异的行为、动作。

同时,孩子的社会行为明显出现退化、减少,即一般所谓的"负性症状"。例如外出活动减少,对话减少,笑容减少,脸部表情的变化减少,参与学校社团活动或原有的兴趣减少。

正、负性症状周而复始地困扰着这些孩子,让他变成另一个模样,造成生活功能、生活质量、学习表现与人际关系明显受到干扰及影响。

情绪行为障碍的辅导与教养秘诀

接纳现实

父母无法想象,原本好端端的孩子竟然变成另一个模样,像电影里或听说过的精神科住院病人,眼神呆滞,胡言乱语,昏沉嗜睡,举止怪异。

要让父母接受孩子生病,这是很煎熬、矛盾与困难的,但这又是需要面对的。虽然残酷,但做父母的不得不接受。

感同身受妄想与幻听所带来的害怕

"我到底怎么了?"

说真的,有时连当事人自己也搞不清楚,脑袋里面时常发出的一些对话,让自己常常莫名地感到害怕、恐惧,因为过去从来没有这样的经验。

这些对话内容不时改变,令自己心生畏惧。例如,叫自己从公共交通工具站台上往下跳,这声音让当事人很害怕,担心自己真的做出这些事,但那声音又非常清楚且明确地出现。有时这些声音会告诉他,周围人来人往,穿着红色衣服的人对自己是有害的,应该远离这些危险人物,而让他不时心生怀疑。

当事人也非常困扰，这些妄想、幻听内容对思绪形成干扰，让他没有办法专心在眼前的事物上。同时，这些内容有时候也会造成他心里面的恐慌与害怕。而情绪上的波动，则让周围的人明显和自己保持着距离。

自我接纳的难度

孩子是否愿意接受自己的状况，这又是另外一个问题。

有些孩子的状况时好时坏。在状况不好的情况下，当事人非常害怕；然而当状况缓解的时候，当事人又无法接受发病期间自己的怪异行为。

对患有思觉失调症的孩子来说，在逐渐恢复之后，也非常在意别人对自己的看法，对他人的评价很敏感。而当事人对自我的接纳程度，往往也影响到后续对生活以及校园环境的适应。

有些同学不敢也不想再回到原来的校园，因为别人的目光、对自己的指指点点，往往形成另外一种压力。当压力事件再度来临的时候，又很容易加深妄想、幻听的状态。

对有些同学来说，在发病之后，很容易造成认知上不同程度的受损（在儿童期发病的孩子，由于正值发展阶段，对心智的影响较为明显）。

或因发病状态，导致学习中断，学业明显落后，跟不上进度，这又形成另外一种压力。

患有思觉失调症的孩子对自己的人际关系以及整体表现会感到沮丧，特别是对原本有能力做好的事情，表现相对较差，经过一段时间发病，产生明显的落差，更是令人难以接受。

这种沮丧往往也让当事人情绪低落、忧郁，甚至退缩，不愿意与人互动，或不愿意回归到正常生活以及校园学习当中。

患有思觉失调症的孩子是否有病识感，当事人是否清楚与了解自己的实际状况，也决定了他后续的改善程度。

患有思觉失调症的学生的病情很容易复发，每一次发病对当事人来说都是一种折磨、折腾。有时甚至会对当事人的认知功能造成不同程度的负面影响。

暂时远离校园的必要性？

当患有思觉失调症的同学发病后，在身心状况不稳的状况下，学校会倾向于希望孩子请假就医，住院或在家休养。有时也会和家长讨论是否需要让孩子先办理休学，暂时远离校园，以改善病情。

这看似一种"我是为你好"的立场，是帮助孩子解除压力的处理方式。然而这是否为最适切的安排，必须经过谨慎评估。

例如患有思觉失调症的学生，社会行为会退化，在没有校园环境的支持下，孩子的退化速度会很快，除非父母有特别的安排。

当然，学校也是处在两难的立场，一是要考虑孩子在校园的安全性，无论是对自己或对他人；另外则要顾虑孩子的身心状况。

药物治疗的沟通

对老师来讲，患有思觉失调症的学生拒绝服药，有时会给其带来困扰。在医生的帮助下，药物治疗对患有思觉失调症的学生是相当关键的，若孩子拒绝服药很容易导致病情恶化。

在考虑孩子的服药状况时，除了药效的作用之外，同时须考虑到使用药物所带来的副作用对孩子身体造成的不适。这一点，往往是大部分学生拒绝服药的原因之一。

毕竟服用药物的是孩子，副作用所带来的不适很容易造成孩子的抗拒。服药内容以及相关规定，主要由医师和家长针对处方进行讨论。

　　老师扮演的角色，主要是帮助孩子增加服药的动机，以改善症状，同时跟踪孩子在服药以及拒绝服药的状况下，所表现出来的行为模式，以作为家长与医生沟通的主要参考依据。

思觉失调症的人际关系陪伴
——化解最遥远的距离

"老师,你可以考虑一下,让别人和她一组吗?"郁心支支吾吾地表示,"我们中学时同班,现在又是同学,虽然我跟她比较熟,但是让我和她在同一组,说真的,我会有点勉强啊。"

老师看得出来,郁心是真的不愿意。在班上,虽然郁心和小沄之间的话比较多,但那是在小沄发病之前,现在要让郁心陪伴小沄,真的有些强人所难。

老师有些于心不忍,因为自己在面对小沄的时候,同样不知该如何是好。老师的心虽软了一些,但她仍想说服郁心:"或许通过你的帮助,可以让小沄康复得比较快。"

这句话不说还好,越说越让郁心害怕。话一说完,老师自己也后悔起来。

"其实,我真的很怕小沄,她上课时老是自言自语,而且看我的眼神,会让我感到害怕、恐惧。我不知道她什么时候会做出让人意想不到的事。还有,当我跟小沄在一起时,其他同学都不敢靠过来。"郁心试着让老师知道她的为难。

"那要不要我再帮你找一个人,和你一起陪小沄?"

这句话让郁心傻住了。老师也颇为无奈,因为小沄的父母不断要求,希望在班上能够为小沄安排稳定的人际支持系统,以稳定小沄的病情。

老师想来想去,郁心真的是第一人选,而小沄的父母也这么认为。

"为什么需要我跟她互动?这对我来说,到底有什么意义或好处?如果真的出现一些威胁,甚至我受到伤害,那谁承担这个责任?"小沄按捺不住内心的愤懑,将心中的不满、委屈及疑虑倾泻而出。

老师顿时愣住了,不知该如何回应。

●▶▶ 意中心理师说"情障":思觉失调症

对思觉失调症的同学来说,他们对幻听、妄想的内容是信以为真的,虽然就现实而言,这些内容是不真实的,不过当事人相信这些是存在的。有些孩子对幻听内容会产生害怕、恐惧心理，这种感受也是非常真实的。

因妄想而产生的一些自言自语、语无伦次，或让人无法理解的跳跃、破碎、混乱，或者与现实脱节的思考内容，往往让原本想要接近患有思觉失调症同学的人，不知道该如何是好。妄想、幻听以及怪异的行为，让其他同学望而却步，不敢接近。

情绪行为障碍的辅导与教养秘诀

陌生的畏惧

不容否认，在校园里面，思觉失调症是让师生普遍感到陌生而畏惧的一种疾病，同时其中存在着许多对精神性疾患的偏见。这些莫名的害怕往往也会造成师生之间与患者保持距离。

对思觉失调症患者身边的同学来说，让他们觉得不可思议的是，一直以来都很正常的这个同学，为什么会突然变成另一个人的模样，而且跟他们印象中的那个人完全不一样，陌生得令人感到害怕？他们怕的是，不知道这个同学到底会有哪些举动，会不会伤害到自己或是身边的人。

罹患思觉失调症的学生相当敏感，只要周围有任何刺激出现，当事人就会反应过度，这也很容易吓坏原本愿意陪伴这些孩子的同学或老师。

人际支持的关键力量

对患有思觉失调症的同学来讲，人际关系的支持绝对是一项关键性因素。患者发病之后，他自己的语言沟通以及对话能力出现障碍，变得无法了解对方所谈论的事物，或是比较难以专注于对方所说的内容。另外，自己的不适当反应，有时候也会造成人际互动的困难，让自己在互动上产生退缩。

"我们不知道他在想什么，不确定他所想的事情、内容是否会对我们产生伤害。我们也很想靠近他，但是谁能告诉我们，甚至给我们承诺，在陪伴他的过程中，我是安全的？"

同学们会害怕，不知道如何跟患有思觉失调症的同学相处或互动，这样的担心是可以理解的，毕竟不是所有人都清楚思觉失调症到底是怎么回事。

尤其是我们不免担心思觉失调症的妄想、幻听对自己是否有危险，有时也害怕自己的一言一行会不经意地造成患者出现自我伤害的举动，或刺激到他。

孩子自言自语的干扰，与老师的反应困境

面对患有思觉失调症的学生，校方有时也束手无策，不知道该如何是好。当学生患有思觉失调症，在课堂上自言自语时，明显干扰到了老师上课的秩序以及教学进度。然而老师也无法直接进行阻止。一旦对这些孩子给予太多刺激，只会让他们更加混乱，或让他们做出令人无法想象的事。因此，减少过度的刺激是最高原则。

不争辩的友善环境

试着提供一个支持、友善与安全的环境，我想这是老师在班上可以积极营造的。这对患有思觉失调症的学生来说，一定具有稳定的作用。

不要和这类学生进行争辩，甚至是讲太多道理，或想要改变、调整他们的认知与想法，因为这很容易让这些孩子觉得你在强迫他，同时对他产生威胁，很容易诱发他害怕、紧张的情绪，产生敌意或怀疑的心理。

从思考、知觉异常方面进行介入

要认识患有思觉失调症的同学,可以试着从他们的思考以及知觉异常的方向入手。让老师和同学知道,患有思觉失调症的同学在解读事物上与一般人的不同之处。

他们并非刻意如此,他们因思考上的异样,较无法理解事物,甚至出现跳跃、混乱、支离破碎及不合情理的反应。

他们在感官接收上有了异状,例如在视觉、听觉、触觉、嗅觉与味觉上,相对敏感或判断错误,也会因为幻听、幻觉等而对周围事物过度敏感,或出现一些不同的解读反应。

第六章

其他持续性情绪或行为问题

拥抱带刺的玫瑰
——化解教室里的"对立反抗"

在学校有一种游戏叫作"玩老师"。"玩老师"怎么玩？通常情况下，小学一局四十分钟，中学一局四十五分钟，不用买点数，不用储值，不用加入会员，钟声一响，游戏开始。一上课，孩子对着老师戗，这时，老师的血压、心跳和脉搏会越来越上升。孩子越戗，分数就越上升。过程中，孩子也可以开插件，让同学一起加入戗，老师的血压、心跳和脉搏分数会越来越高，越来越高。下课中场，孩子可以按暂停，老师的分数则会继续挂在上面。

这段话是我演讲中常常用来谈及在校园里"对立反抗孩子"的状态的，看似玩笑话，却也贴近现实。

我常常思考：为什么这些孩子要戗老师？

有些孩子没有把握数学考九十分，却有把握在两节共九十分钟的数学课中，让老师上不了课。这当中，反映了孩子想要掌控老师上课、主导全场的心理。

比如接下来这个故事里的伟强。

"伟强，站起来。我刚才说到哪里了？"老师看着伟强说。

伟强揉了揉眼睛，嘴巴连动都懒得动，瞪老师一眼之后，继续慵懒地趴在桌子上。老师看在眼里，一肚子火。

"我这么认真地备课，结果你们就这样趴在桌上，成何体统？我这么认真地付出，到底为了什么？到底得到了什么？"老师又开始对着大家抱怨、唠叨起来。

伟强连看都不看老师一眼，干脆抓起外套盖住头。

"连上课都无法专心，以后进入社会，你们能够干什么？拿出你们应该有的态度！如果继续趴着，你们的人生真的就'趴'下去了。"老师的叨念似乎没有停止的迹象，这也惹毛了伟强。

"你吵什么吵啊！啰里巴唆的！"

"你……"老师一时说不出话来，"你上课不专心，还顶嘴，真是不像话！"

伟强突然站起来，卷起手上的课本，作势……

●▶▶ 意中心理师说"情障":对立反抗疾患

对立反抗的孩子,在课堂上表现出激烈的言语与行为的干扰,显示出了孩子想要掌控主导权,想对老师的教学产生破坏与改变,让老师上课无法顺利进行的心态。

老师可能直接被激怒而发飙(这一切都在孩子的预期中),或当场要求当事人起身、道歉(这一点,孩子为了维持面子,一般是不会屈服的),让对立反抗的孩子看见自己在这一波又一波的对抗中,对社会性的掌控获得全面胜利。

📖 情绪行为障碍的辅导与教养秘诀

刺猬的敏感

会对老师产生对立反抗的孩子,在家中大多很难顺从父母。父母在管教上,往往失去了力量。

对立反抗不是突然间产生的,而是一点一滴、慢慢地在互动的过程中不断形成的。因此,在处理上也相对棘手。

对立反抗孩子非常敏感,在与大人的互动中,非常在乎、在意彼此的位阶,特别是对大人以上对下、以强对弱的方式来命令、要求自己配合时，更是反感。

我们常认为这些要求与规定是孩子必须做、应该做、要遵守的，对立反抗孩子却不把它当一回事，拒绝接受你的指令，挑战你的尺度，突破你的界限。

争夺主场优势

对立反抗的孩子缺乏感同身受心，容易激怒大人，他们就是想要掌控眼前的形势，要求大人顺从自己的意见，依自己的方式行事。

多加留意会发现对立反抗的孩子所选择的时间点，普遍是在课堂上，有同学们在的时候，当老师要进行教学活动或对学生提出要求时，例如上课保持安静、不要走动、拿出课本等，这类孩子就很想取得主场优势，也容易影响老师的情绪，同时获得更多人的关注。

无法忍受的引爆点

教室里的孩子以不友善的对立反抗态度，挑战自己的教学，这对许多老师来说是难以容忍的威胁与挑衅。

残酷的是，除了教学节奏被打断之外，自己的情绪以及身为老师应有的尊严也遭到挑衅。老师同时得顾及其他同学如何看待自己对该事件的处理方式，以及同学回家之后，会如何向父母叙述老师被戗、被挑战的情节。

在这种情况下，老师的情绪很容易被激怒，变得焦躁、急躁、生气和愤怒，从而失了稳定性。

身为老师的你可能会说："我怎么忍耐啊？他在课堂上羞辱我、诋毁我、瞧不起我、干扰我、侮辱我，我是老师，也得捍卫自己的尊严。我的尊严怎么可以让他这样践踏？要是我不处理，那其他同学、家长和同事会如何看我？岂不是让这种状况更加恶化？这些孩子不就更嚣张了吗？如果我太低声下气，不就显得我懦弱吗？那我以后怎么管理班级？"

然而，越是这样，你就越会陷入困境。

面对这类孩子，如果只有老师改变，难度相对较高。当然，这也关系到老师是否有想要"改变"的动机与意愿，重新看待与孩子的关系。

细致的班级管理

有些孩子不愿意配合老师，认为老师该管的不管，不该管的管一堆。有些孩子觉得老师不通人情，总是以威吓、刺激或数落的方式对待同学。

其实老师可以先考虑一下，自己在班级管理上是否简单粗暴了点，能不能再细致一些。比如，如果学生在课堂上讲话，改变以前直接点名纠正的做法（这么做，难免让当事人失了面子），改为用眼神、表情予以暗示的方式（顾及面子）。

课下，要让孩子知道他上课时的这种态度对你的影响。例如："你上课说的那些话，让我觉得难堪，心里不太舒服。"也可以主动询问孩子："你认为老师应该怎么做，你才会好好上课？"

多看孩子的亮点，甚至是刻意营造各种环境，让这些孩子有机会表现，同时给予正向的反应。此外，如果在课上或课后，都和这些孩子有一些交集，如球赛或经验的分享，有助于改善师生之间的关系。

最高指导原则

面临对立反抗孩子的挑战，如何让自己保持良好的心态、稳定的情绪而不受到影响，这是考验老师的沉稳态度和应变能力的时候。

这时，老师的最高处理原则就是继续上课，这种坚定的态度才是面对对立反抗的孩子时应该坚持的立场："我不受你影响""你改变不了我"。

但请记得，在此之前，请先告诉全班："中午（或你认为的适当时间）老师再来处理。"随后，继续优雅地上你的课，将处理的时间点延至中午，好让自己能够更从容地面对眼前对立反抗的孩子。

讲台上的你可能会发现，台下的孩子仍然恶言相向地干扰你，打乱你的思绪，但请沉着应对，你的胜算就会高一些。

或许你会纳闷："为什么他要如此对待我？"

对立反抗不是一朝一夕形成的。这牵涉到孩子在整个成长过程中和大人之间关系的扭曲模式。孩子对立反抗的内在表达需要我们慢慢来解开。

天哪！你这是什么态度？
——关系的觉察与修复

那一年，在我的校园服务过程中，某所学校转介过来一名中学生，同时伴有注意力缺陷多动症和对立反抗问题。

当时，孩子在课堂上，只要被老师要求或管教，就直接辱骂老师，说脏话。

因为对立反抗问题，这孩子由学校负责的特教老师以专业团队服务转介过来，由我负责到学校帮助处理。

有一次，孩子坐在组长的办公椅上，由于那时我和老师在办公室进行相关问题的讨论，我上前请他离开，话还没讲完，这名中学生随手就拿起桌上的物品准备朝我砸过来。

我紧紧地抱住了这个情绪激动的学生，同时试着将他带离（或说拖离更为适切）办公室。孩子不断挣扎并辱骂着我，使劲儿想要挣脱。

在这个过程中，一旁的辅导主任不时地用眼神询问我是否需要帮助，我摇头，让对方了解暂时不需要帮助，因为这是我和这个孩子之间的关系。

好不容易将学生架出了办公室，一出门口，他随即用脚踹我，并随手拿起一旁伞架上的雨伞，朝我砸了过来。这是我在校园服务中第一次被攻击。

随后，我将办公室的门带上，同时让辅导主任先不要对这孩子进行校规的处理，容我再做事后的处置。

如同想象的一样，这孩子拒绝原先排定的面谈。我当时的做法是：既然你不来，那么我就直接到教室里去找你。但我清楚自己要避免让孩子感受到我在挑衅他，这绝非我的本意。

我决定到教室去，只想要传达一个信息：有些事，如果你依然这么做，很抱歉，还真的由不得你。或者这么说，如果孩子认为不见面就可以掌控关系，那就改由我直接到教室里看他上课。

看到这里，你可能会疑惑与讶异：真的需要让彼此的关系到这样的状态吗？

我必须声明，我的目的并非制造彼此的冲突。

为了顾及孩子的感受，特别是面对青春期孩子时，我们要特别留意。在处理的过程中，必须相当谨慎。

进入教室后,我只是静静地站在教室后方,目的是让当事人知道我进入了教室。同学继续上课,我不进行任何干扰,同时我也没有特意提出这次要观察的对象是谁。

我只是在传达一个信息给对方:我继续做我该做的事。

后续的心理服务时间,我依然坐在教室里等这个学生,有几回,看见他在教室外徘徊,往里面探头。当时,他依然不愿意接受面谈,我则将重点改为与老师沟通,帮助老师进行咨询和建议。

但几次处理之后,我隐约发现了一些事情:在整个学校里,最后似乎只剩下我和转介的组长两个人,想要来处理眼前这个对立反抗的孩子,其他老师则采取了消极不回应的态度。

这情形对我来说是很受挫折的,因为学校老师面对眼前的情况不愿意处理,只剩我和组长两人一厢情愿地想要改变时,真的让我们不知为何而战。结果可想而知,一定没有成效。

最后我决定直接结案,但是在结案报告上我写得非常清楚,学校老师们采取了消极不处理的响应,那么真的需要有心理准备,眼前这个对立反抗学生,以后会带来更难以处理的行为问题。

果不其然,几个月之后,传来消息——这孩子在校园里又出了大状况。

●>> 意中心理师说"情障":对立反抗疾患

对立反抗其实是一种挑战权威、对社会性掌控过度偏激的模式。当一个孩子的注意力转换到需要以挑战老师、挑战权威为乐,同时借此获取自尊、肯定与被关注时,孩子的心态也扭曲了。

对老师来说,孩子这样的态度和举动,很容易让自己想要握起拳头,但最后只能轻轻拨弄一下刘海儿,尽管被孩子气得牙痒痒,却不能真的把拳头挥下去。然而,当老师咬牙切齿时,上课也因此被中断了,正好落入对立反抗孩子设下的陷阱。

老师越激动,孩子就越得意。要他开口向你道歉是不可能的,他不可能妥协,让你有台阶下。

当然,你也不能含着泪继续上课,在这种状态下,只会让其他孩子觉得老师的应对能力如此不堪。

📖 情绪行为障碍的辅导与教养秘诀

关系的修复

我经常和老师分享:遭遇孩子的对立反抗,我们首先要关注的是和孩子之间的关系到底出了什么问题,为什么师生关系

会演变至此？

我一直深信，对立反抗是一种相互的情况，或许师生责任所占的比重不尽相同，但我也确信，当我们主动进行调整与改变，并释放出善意时，将能够加速孩子的改变。

很可惜，有的老师想的是：这是我的教学权利和教学模式，我为什么要改变呢？总认为需要改变的是态度不佳的学生，怎么会反过来要求老师改变呢？

我认为，当我们以尊重的方式对待青春期孩子，包括说话的语气、态度和所使用的字眼等，孩子也势必会回以尊重。虽然这需要给他们一些时间。

我们要做的是优先修复彼此的关系，而不只是思考如何要求孩子以好的态度来对待自己。

与对立反抗孩子之间的相处，会让我们重新去思考彼此的关系有哪些需要调整的地方，同时要考虑在日常生活以及校园学习里，我们是否给予了适度的尊重，并顾及他的面子与感受。平时要多注意以及正向回馈这些孩子的好表现，也有助于改善彼此的关系。

释放改变的善意

当我们表现出想要改变的意愿时，孩子也会看到你的善意，明白你想了解，要调整、修复这层关系，而不是像他固有的经验与印象那般，认为"你们大人就是只想要孩子做出改变"。

一旦对立反抗的孩子隐约察觉到大人想要改变的动机，我相信，不当的态度将会有所改变，也有机会彻底转变。

寻找受理的窗口

在校园里，我也会进一步观察孩子比较能听从、配合或接受的是哪一位老师。如果有这样的老师存在，便会试着以这位老师作为突破窗口，让老师扮演与孩子沟通互动的媒介。

同时，被饴的老师也可以回过头来思考，自己和这个孩子愿意接受的老师在课程、教学与要求上的差异在哪里。

我的自省与调整

回到前面的例子，我仔细回想，发现我和那个对立反抗学生之间会产生冲突，主要在于先前一次的面谈，当时学生在我面前趴在桌上，那时我给他的是二选一的抉择。

一是他自己起来，二是我数到三，如果他不起来，就由我把他拉起来。当时孩子依然趴着，我随即数到三，并将手伸出去，当手碰到这孩子时，他立即站了起来。顿时，两个人处在我拉着他的手，他抓着我的手，彼此直视不动的状态。

现在回想起来，当时自己的做法是直接了些，这对青春期的孩子来讲，简直是一种挑衅。

换作现在，我应该不会再用类似的方式了，而是关心地询问对方是不是不舒服，或者累了才需要趴着。

或者感受他的状况和情绪，我在想，被迫和心理师面谈多少会让他觉得不受尊重，心情不爽吧。

在"故意"与"寻求关注"之间
——有效回应孩子的"掌控行为"

"我实在无法想象,才上幼儿园的孩子竟然就学会了顶嘴,长大了可怎么了得?!"

面对在教室里完全不听指挥,想干什么就干什么的阿吉,裘裘老师气急败坏地对孩子妈妈叨念着。

"我让他坐好,他竟然用眼睛瞪我,还说'我才不听你的话呢,你又不是我妈妈。'他现在才中班,就这样不听话,那以后到大班怎么办?"

"可是阿吉以前不这样啊……"妈妈有些为难地说。

"以前是以前,我哪知道他以前是什么样啊?重点是,他现在在班级里就是小霸王,我说什么,他都不听。大家坐在教室里画画,他就自顾自地走向玩具堆,没经过允许就拿乐高积木,我提醒他现在不是玩乐高的时间,他竟然对我吐舌头,还把乐高丢得满地都是。我要求他捡起来，他却掉头就走，害我竟然愣在现场。你也知道现在的孩子不能打，也不能骂，父母珍惜得不得了，都被宠坏了。"裘裘老师噼里啪啦地抱怨了一大通。

说到宠爱，这一点妈妈倒持保留看法。但她也感到纳闷，为什么阿吉会变这么多？她也注意到这孩子在家里，会故意惹父母生气。

"妈妈……啊！"阿吉刻意将声音拉高八度，突然的尖叫声把弟弟吓得哭了起来。妈妈一边安慰弟弟，一边瞪着阿吉："你到底在干吗？弟弟在睡觉，你知不知道？"

阿吉当然知道弟弟在睡觉，就是因为知道，他才故意这么做的。

"你还在笑？！"妈妈纳闷地看着他，一旁的弟弟继续啜泣着，"都是你把弟弟吵醒了，害我忙到一半的事情不能再做了。"妈妈越是这么说，阿吉越是感到得意。

这回加上裘裘老师的抱怨，让妈妈心头乱纷纷的：难道是因为弟弟出生，我陪伴阿吉的时间减少的关系吗？这孩子以前真的不是这样啊。这是妈妈唯一的猜测。

孩子真的是变了，变得让妈妈一头雾水，感到心慌。老师说得没错，如果继续下去，不要说到大班了，她根本不敢想象这孩子以后会变成什么样子。

· 207 ·

●▶▶ 意中心理师说"情障"：对立反抗疾患

常听到许多父母和老师这么说："他是故意的！""他就是故意惹我生气。""他是故意在那边哭闹发脾气。"

面对孩子的故意行为，我常思考他要释放的信息会是什么。故意，不外乎孩子想通过这样的行为模式寻求我们对他的关心与注意，做出他所期待的反应。

要降低故意行为，最快的方式就是了解孩子的实际需求，适时并主动给予关注和响应。

例如，面对家里兄弟姐妹之间的争宠，孩子认为父母偏心，把太多的注意力和心思放在另外一位手足身上。这时如果我们在孩子的不适当行为还没发生之前，适时地主动给予关注，将有助于减少故意行为出现的可能。

情绪行为障碍的辅导与教养秘诀

如何面对孩子持续通过激动、哭闹和耍赖等方式，来寻求注意？

采取先发制人的方法

当你判断出孩子在某种情形下,会如同以往一样大声地哭喊、尖叫,那么与其让孩子先发脾气,我们在后面苦苦追赶,倒不如我们先发制人,把孩子可能发生的行为先一一说出来,有助于降低孩子情绪反应的强度。

例如:"孩子,你先想好,待会儿你是放声大哭,躺在地上闹,还是握拳揍我,在那儿耍赖。你先想清楚,因为等一下妈妈还是会要求你把手机收起来的。"

这方式适合运用在孩子能够理解你话中有话时。

点出行为背后的目的

让孩子了解,妈妈知道他的行为背后的目的。试着将他的行为的目的、寻求关注的需求,清楚地告诉他。

例如:"妈妈知道你这么哭闹,其实是希望妈妈平时多关心你,多注意你,不要把时间都放在照顾妹妹上。"

期待的行为模式

我们不希望孩子通过哭闹、激动的方式来寻求关注，那么我们必须思考，自己期待他以什么样的方式来表达。若期待孩子能够好好地说服自己，就必须在日常生活中，我们和孩子一起好好演练"说服"。

冷静不语的日常练习

孩子的掌控行为之所以达到效果、起作用，原因在于当孩子出现不适当行为时，大人往往立即给予响应。虽然，你可能表现出生气、责骂或情绪激动，但如此很容易让孩子发现你正受到他的影响。

除非孩子的行为有安全上的顾虑，或者破坏行为造成了危害，不然，最好的反应方式就是冷静地看着他，不说话。这有些困难，却是我们平时需要好好练习的基本功课。

先处理情绪，再处理原因

不要急着马上找出原因，先让孩子的情绪获得释放，再等待适当时机，好好地与他沟通，以厘清原因。时间点的选择，以孩子和自己的情绪皆缓和之后,在家长的时间比较充裕的状况下再对话。

有时,孩子的抱怨内容很笼统、模糊,他可能会说:"我要你多注意我,多关心我。"那么你可以试着探询他所期待的具体做法是什么。

不请自来的尴尬抽搐
——妥瑞症，需要友善与细腻的对待

"你很讨厌啊！为什么学人家学得那么像？"

"哎呀，我又不是故意要学他的。"

"你知不知道这样做，阿胜会多尴尬？"

"你以为我想学啊？还不是因为他实在是太好笑了。每次他突然发出哇哇哇的声音，我都会被他吓到。"

"他又不是故意想这样的。"

"我也不是要故意学他的。"

"你别闹了好不好？"

"我哪有在闹。好了，好了，即使我不学，别人也会学。谁让他老是发出那些怪声，做那些怪动作。"

听着两个同学为了模仿自己的事情在争辩，阿胜不断发出

哇哇哇的声音。

每天要走进学校之前,他都非常紧张,担心自己在学校会突然发出怪声或哇哇哇的声音。但他越是不想这样做,就越容易发出怪声。他知道每当自己紧张、焦虑、有压力,或太疲惫、太兴奋的时候,这些不自主的抽搐(tic)便常常不请自来。

阿胜根本不想这样,没有人可以了解他的痛苦。不请自来的抽搐让他浑身不自在又难过,那种感觉有时就像被电到一般不舒服。每次只要这种感觉出现,他就很难专心上课,情绪也变得非常不稳定,动不动就发怒、不耐烦。这一点也让同学们不理解,明明是他自己爱发出怪声、做出怪动作,自己为什么又会生气?

阿胜心里有苦,但说不出来。

●▶▶ 意中心理师说"情障":妥瑞症

妥瑞症孩子主要的核心问题,在于不自主地抽搐。

这些抽搐是不规律、快速、突然出现与重复发生的,整个抽搐的动作或声音的呈现,就如同你试着去念出"tic"这个英文般快速、简洁。

有些孩子会同时出现不自主抽搐的动作和一种或多种类型的声音，例如眨眼、耸肩、挤眉弄眼、清喉咙、发出怪声等。妥瑞症孩子的这些抽搐开始出现后，持续超过一年，且在十八岁前出现症状。

特别是当孩子疲倦、疲惫、过度兴奋或压力太大时，抽搐行为出现的频率也会相对增加。同时，抽搐行为很容易诱发当事人易怒、不舒服的情绪，或妨碍专注力表现。

情绪行为障碍的辅导与教养秘诀

设身处地

演讲中，谈到换位思考时，我常常问观众："你敢不敢这样做，只要五分钟就好：到便利商店，不断发出怪声音、怪动作和怪表情，对着柜台的服务人员说：'小姐，*$%#@^来杯City Coffee，不要加糖*$%#@^，不用续杯……'"

每回在演讲时这么问，都没有人敢告诉我说他敢这样做，因为我们总觉得这样挤眉弄眼、耸肩又摇头晃脑地发出怪声，会让人家觉得自己很怪，很可笑。

我常试着让观众去想，只要五分钟就可以结束，但对妥瑞症孩子来讲，他的抽搐困扰可能不只五分钟，也许是五个小时、五个星期，甚至是五个月、五年。

在这种情况下，我们可以试着去体会与感受一下，自己都不愿意去做的行为和举动，有些孩子却在因此而承受痛苦呢，承受这些不自主的抽搐所带来的困扰。当你试着站在这些孩子的立场想，就可以感受为什么他们在踏进校门之前，会显得非常焦虑、紧张和不安。

我常讲：换位思考好说不好做，但是一定要做。有时我们需要陪伴在孩子身边，去感受他的难熬与痛苦。没有人天生喜欢不自主地抽搐，喜欢这些行为伴随自己。或许这些声音和怪动作可能对同学们的学习造成干扰，但请提醒自己，这也并非当事人所愿。

面对大多数人以不友善的眼光看着他，甚至嘲笑、揶揄或讥讽他，妥瑞症孩子心里面的那种痛苦，实在不是别人能够感受到的。

自然的微笑

我们是否可以试着敞开心胸，接纳眼前的妥瑞症同学？发散你善意的眼神，露出你亲切的微笑。面对妥瑞症同学挤眉弄眼、耸肩、发出怪声，你的反应越自然越好。就像你面对他戴着眼镜，看见对方是双眼皮、单眼皮或长了青春痘般自然。

你若不会露出鄙视的眼神、厌恶的表情，且不会释放出嘲笑的意味，妥瑞症同学将会感谢你。

看见妥瑞症孩子的眨眼动作，请别过度注意或介意。你越是自然地面对他，他就越有可能感到自在，心情较能舒缓，不自主的抽搐行为也会降低。

"面对"的勇气

请记得，妥瑞症同学来到学校，来到人群面前，需要十足的勇气，这样的勇气需要你友善的响应来支撑。许多人不敢去尝试模仿抽搐的动作，这些孩子却不得不去面对与体验。每次在别人面前出糗，对妥瑞症孩子来说，都是一次又一次生命的挑战与磨炼。请感受他的不适，感受他的委屈，感受他的情非得已。

关于"回家管教"的思考与处置
——是解决问题，还是制造了另一个问题？

明扬又在班上惹事了。

"不会吧！这次又要让我们带回家，那他上课怎么办？很多课程都落下了。更何况我和他爸爸都得上班，待在家里没有人照顾，怎么办？难道我要请假吗？"妈妈对电话另一边的老师说。

老师也很无奈："没办法，这是学校的规定。明扬又在学校动手打人，而且这次把对方打得不轻，对方家长要求学校一定严肃处理。你也知道，对方家长是可以起诉的。"

妈妈虽然可以理解这样的情况，还是有疑惑："难道学校辅导室或学务处不能先处理吗？"

老师很肯定地回答："学校的立场就是这样，何况班上其他同学接受教育的权利也是需要考虑的，如果让他继续留在班级里，那其他人就不用上课了。"

妈妈也很想知道明扬的权利该如何维护，但是她知道自己孩子理亏，只好把想法憋在心里。

"可是像这样一直要求我们把明扬带回家，也不是办法吧。如果带回家管教有用，也不会一而再地发生这些事情了。"

"关于这点，我真的需要说一些公道话。事情一再发生，也在告诉我们明扬的状况不是'很轻微'，所以学校辅导室也请我转达，请父母带他去医院看看。"老师说话的语气强硬了些。

妈妈很无奈，但又不知道该如何维护孩子的权益。她总觉得学校这种做法是"眼不见为净"，只是把问题抛回来而已，似乎没有解决任何状况。

妈妈始终搞不清楚，为什么明扬在学校要动手打人。难道这孩子没有其他解决问题的能力？这一点，也令她感到非常困惑。

●▶▶ 意中心理师说"情障"：回家管教

当老师面对孩子的歇斯底里时，是一项非常大的挑战。同时，也使老师处于一种受威胁的状态，不知道眼前这孩子在什么情况下，又会出现什么伤害性的举动。

孩子在学校可能会因为和老师、同学之间起冲突而出现一些危险动作，因此，在初中、高中生中，常常会有一种管教措施，就是"带回家管教"[2]。

从学校的立场来讲，基于安全的考虑和利于老师班级管理的角度，当教学工作因学生的情绪、行为等问题而被迫终止时，如果这个学生还继续待在班级里，甚至待在学校会影响到其他同学的上课权益，甚至是安危，便会采取请家长带回家管教的处理方式，暂时化解问题。

这对许多父母来讲，是非常头痛的一件事情。

情绪行为障碍的辅导与教养秘诀

关于"回家管教"的思考

让我们来重新思考：

让孩子离开教学现场，我们的考虑到底是什么？这么做，是否真正解决了问题？例如，孩子可以利用离开学校的这段时间，回到医疗机构接受相关的治疗，或者返回家里，让孩子的情绪先缓和一下，以避免他待在学校，继续产生不可逆的反应。

如果不带回家管教，那孩子可以去什么地方？孩子是否该待在辅导室、学务处或资源班？

若考虑让孩子待在学校，那么该由谁来陪伴？学校的老师可能没有那么多时间与精力陪伴。老师的顾虑是：假如孩子不回家，一旦出现问题，由谁来解决？由谁来负责？

另一方面，把孩子带回家管教，如果父母都需要工作，那么由谁来陪伴孩子？让孩子回家，问题是否就因此解决了呢？

因祸得福吗？

有些孩子巴不得一有状况就回家，可以不用上课。更何况，不需要记旷课或请假，对他来说是赚到了，何乐而不为？

我们必须思考：把孩子带回家管教，真正的用意是解决问题，还是制造了另外一个问题？是否让孩子的问题行为模式被强化？

的确，家长一定有应该负的责任，或许考虑由家长带回家管教时，在讨论上可以更仔细与周到。

除了回家之外的考虑

与其让孩子回家，也许可以请家长先来学校陪同。只不过校方不能直接要求家长到校陪伴，因为并没有相关规定强迫家长一定得陪同孩子。必要时，也可以通过教师助理来陪伴、帮助孩子。

---

2 《学校订定教师辅导与管教学生办法注意事项》：
二十三、教师之强制措施
学生有下列行为，非立即对学生身体施加强制力，不能制止、排除或预防危害者，教师得采取必要之强制措施：
（一）攻击教师或他人，毁损公物或他人物品，或有攻击、毁损行为之虞时。
（二）自杀、自伤，或有自杀、自伤之虞时。
（三）有其他现行危害校园安全或个人生命、身体、自由或财产之行为或事实状况。
二十六、学生奖惩委员会之特殊管教措施
（前略）
学生交由监护人带回管教，每次以五日为限，并应于事前进行家访，或与监护人面谈，以评估其效果。交由监护人带回管教期间，学校应与学生保持联系，继续予以适当之辅导；必要时，学校得终止交由监护人带回管教之处置；交由监护人带回管教结束后，得视需要予以补课。

家长与老师之间,最怕听见的话
——彼此伸出橄榄枝,携手陪伴孩子

在校园服务过程中,我留意到,老师的某些反应往往会让听者(家长)感到无奈,并且害怕听到那些话。

这些是家长害怕听到的话:

一、我怎么可能有那么多时间?

二、这是资源班老师的事!

三、我们班上学生那么多!

四、这样对其他学生不公平!

五、他应该去看医生!

六、他这种情况应该吃药!

七、你们不能这样教孩子!

八、我没有办法!

九、他应该要去读特教班!

这些话的背后,多少在传递一个信息:虽然你们不断告诉我,这孩子有多特殊应该受到帮助,但我只想告诉你们:"我的时间、心力和能力就是这样,别期待我增加额外的负担或工作量。"

这些话,也让我担忧眼前的老师面对班级里有特殊需求的学生,特别是情绪行为障碍孩子时,可能无所作为,不想有任何改变。

同样的情况,对老师来讲,有时家长的反应也让他在教学上使不上力。纵使老师想对眼前的特殊孩子提供帮助,但是,当遇到不是很积极的家长时,也只能眼睁睁地看着孩子的问题越来越严重。

以下是老师害怕听到的话:

一、这是你们老师要做的事情!

二、我很忙,随便你怎么处理!

三、我管不动他了!

四、我没办法！

五、你不用跟我说这些！

六、老师，我觉得这是你带班的问题！

七、他在家里没有这些问题！

八、以前的老师也没有反映过！

九、托管班老师说我的孩子在那边很好！

十、医生说我的孩子没问题！

十一、都是×××同学影响我的孩子！

十二、我想这是你个人的情绪问题！

十三、老师，你结婚了吗？

十四、老师，你有小孩吗？

十五、老师，我看你应该刚从学校毕业吧！

十六、老师，你教书几年了？

十七、我们本来想让×××老师带的！

这些内容反映了家长在教养上存在的无力、无奈、无所谓或无所作为。然而，面对眼前孩子的问题，并非单方面由学校老师或相关辅导、特教系统付出就能应对的。

特别是与学生关系最密切的家长缺乏改变的意愿与动机，不能很好地帮助自己的孩子，这让老师们情何以堪？

●▶▶ 意中心理师说"情障"：家长与老师的沟通

在许多特教研习场合里，我总是强调，希望相关老师与家长能够更进一步地了解，眼前有特殊需求的孩子到底是怎么一回事，慢慢地，通过认识与了解而拉近家长、老师、学生之间的关系。

必须很现实地说，当班上有情绪行为障碍的孩子时，对老师、学生以及家长来讲，都是一种极大的挑战。

我一直很佩服教学一线的老师，在课堂上，除了进行教学之外，还得面对情绪行为障碍的孩子对课堂教学、节奏和秩序可能造成中断的状况。

我深信，当一线老师对情绪行为障碍学生有了更深的了解，家长也能提供应有的支持与合作，受益最大的会是我们的孩子——有特殊需求而需要帮助的孩子。

情绪行为障碍的辅导与教养秘诀

残酷的教学现实

我们能够帮上什么忙？

许多老师面对情绪行为障碍的孩子时，往往显得不知所措，不知道自己能够为这些孩子提供什么帮助，甚至认为自己的专业限制自己的能力，使得自己没有办法处理情绪行为障碍孩子的问题，因此，对孩子在班级里的行为问题，往往自认为束手无策。

　　特别是"情障"孩子的异质性，使得一线老师面对这些孩子时显得捉襟见肘，往往受困于这些孩子特殊的身心特质，造成在与孩子互动以及在应对孩子的行为和表现上经常遇到"地雷"。

　　在课堂上，当这些冲突产生的时候，受到影响最明显的就是老师的教学。因此，当老师的教学被迫中断，除了老师感受到时间的紧迫性和教学的掌握受到威胁之外，不知道该如何是好的压力以及班级里其他学生的反应、同学们与特殊学生之间的冲突等，都使得一线老师不知道该如何应对。

消极应对的无形代价

　　残酷的冲突情况让老师呈现出一种消极的态度，干脆不去解决眼前的问题，或者直接顺从孩子的一些情绪行为反应。

　　比如：孩子不上课，那我就不去要求他，反正课业成绩不好是孩子必须承担的，或者是家长要操心的。遇到孩子在课堂上咆哮、不理会我等情况,我就继续上我的课,要咆哮那是他自己的事情。

或者:如果孩子动不动就离开教室,我会继续上我的课,失去受教育权益是他的事情。只要在安全范围内,孩子还在学校里,我们做老师的就不用去操心。

或是这么想:孩子在教室里不说话,我可没那么多耐心慢慢等,顶多就是上课时不问他。既然他不想说,我也不强迫他,彼此就找到一个相处的平衡点,我不需要给自己徒增烦恼。在课堂上,我没有那么多时间去等待他开口响应。

对孩子来讲,老师的不理解形成一股压力。在教室里,他需要去面对别人如何解读自己的情绪行为状态;而当与同学之间的互动出现疏离、冲突时,在他不知道该如何是好的情况下,最后很容易造成拒绝到学校上课。

对同学来说,教室里像有一颗不定时炸弹,不知道眼前这个同学什么时候会突然歇斯底里或发脾气,在这种情况下,大家干脆就采取一种自我保护的措施,保持远距离,免得自己遭殃。

至于家长,由于孩子在教室里的学习停顿或出现情绪行为问题,而不时接到老师的电话时,家长也不知道该如何是好。

这很容易导致家长、老师、学生之间的冲突一波、一波又一波地发生。如此,反而让老师的班级管理更加陷入困境,家长、老师、学生陷入三输的局面。

开启家长、老师、学生沟通的良性对话

在家长与老师的沟通上，由于各自的角色、立场以及所面对的环境不同，因此，在对话过程中会产生各种不同的意见和冲突，这点很自然。

家长与老师沟通的目的不外乎是：在孩子享有合理的受教育权利的前提下，让老师的班级管理与教学顺利进行，家长与老师之间取得最大的合作、默契与共识。

在这里，我想说的是，若一个老师有意愿去了解孩子的身心特质，那真的是很难能可贵的事。

或者更进一步地说，如果老师愿意针对自己的教学方式做出一些调整或改变，孩子和家长都会感谢你。